Lüneburger Geographische Schriften

Band 5

Adoptionsfaktoren der Cradle-to-Cradle-Implementierung in Deutschland

Lüneburger Geographische Schriften
Band 5

Nadine Stein

Adoptionsfaktoren der Cradle-to-Cradle-Implementierung in Deutschland

Eine explorative Untersuchung anhand qualitativer Interviews

Institut für Stadt- und Kulturraumforschung
Peter Pez (Hrsg.)

Lüneburg 2016

Inhalt

Vorwort

Die Idee einer abfallfreien Wirtschaft und Gesellschaft ist aus Perspektive der Nachhaltigkeitsforschung und -politik eine faszinierende Zielvorstellung. Gelänge es, alle anorganischen Gebrauchs- und Verbrauchsprodukte unserer Wirtschaft nach Ablauf ihrer Gebrauchsdauer so in die wirtschaftliche Verwertung zurückzuführen, dass man aus ihnen bzw. ihren Bauteilen das gleiche bzw. ein gleichwertiges Produkt erneut herstellen kann, wären die Probleme der Raumbeanspruchung von Deponien und der Umweltbeeinträchtigungen dort austretender Schadstoffe auf einen Schlag gelöst. Dies wäre dann die Erfüllung des eigentlichen Hauptzieles des Kreislaufwirtschaftsgesetzes, welches schon im Namen steckt: die vollständige Rückführung und Wiederverwertung von Rohstoffen. Die Realität sieht anders aus. Das einstige Primärziel des Gesetzes, die Abfallvermeidung, wirkt sich in der Realität angesichts fortwährend hohen Müllaufkommens nicht merklich aus. Alle Aufmerksamkeit scheint stattdessen auf dem Recycling zu liegen. Dort wurde zugegebenermaßen viel erreicht – Glas, Metalle, Papier und Kunststoffe werden deutschlandweit gesammelt, in den meisten Kommunen gilt das auch für organische Stoffe aus Küche und Garten. Vor allem bei den Kunststoffen verhindern jedoch Verschmutzungen und insbesondere die Vielfalt unterschiedlicher chemischer Zusammensetzungen eine effektive stoffliche Verwertung. Wenn dies überhaupt gelingt, entstehen minderwertigere Produkte, Recycling wird zum „Downcycling". Große Teile der Kunststofffraktion werden aber via Müllverbrennungsanlagen ohnehin nur „energetisch verwertet". Jüngere Bewegungen sehen all dies kritisch und versuchen, durch das Sammeln sortenreiner Kunststoffe die Materialien einer gleichwertigen Wiederverwendung zuzuführen. An der Leuphana Universität Lüneburg werden zu diesem Zwecke Kugelschreiber und Flaschendeckel gesammelt, zumindest Letzteres hat sich sogar in einer Reihe weiterer deutscher Städte etabliert. Beide Beispiele zeigen, dass sortenreine „Abfälle" wertvolle Rohstoffe sind, mit denen sich Geld verdienen lässt (welches im Falle der Flaschendeckel in Polioimpfungen in Entwicklungsländern fließt). Beides verdeutlicht aber auch, dass es sich bei diesen Bemühungen nur um randliche Fragmente des Abfallaufkommens handelt.

Soll man sich damit wirklich zufrieden geben? Ist die heutige Wirtschaftsweise – so fortschrittlich sie sowohl in der Zeitperspektive seit der Industrialisierung als auch in einem aktuellen Ländervergleich anmuten mag und dem zufolge Deutsche gern als Mülltrennweltmeister bezeichnet werden – schon das maximal erreichbare Optimum? Das Cradle-to-Cradle-Prinzip verneint dies entschieden und versucht stattdessen, eine Umorientierung einzuleiten. Produkte sollen so hergestellt werden, dass sie bzw. ihre Komponenten nach Gebrauchsende gleichwertig wiederverwendet werden können. Das setzt leichte Trennbarkeit unterschiedlicher Materialien und deren prinzipielle Ungiftigkeit (etwa beim Einschmelzen sortenreinen Kunststoffes) voraus. Warum gelingt es nicht, auf dieses eigentlich so einfache, ökonomisch wie ökologisch sinnvolle Prinzip umzuschwenken? Und warum tut sich Deutschland, wo die Idee entwickelt wurde, damit augenscheinlich deutlich schwerer als andere Länder? Es ist das große Verdienst der Masterabschlussarbeit von Nadine Stein, diesen Fragen mit erheblichem empirischen Aufwand wissenschaftlich nachgegangen zu sein. Auf der Basis zahlreicher Experteninterviews werden viele Komponenten aufgezeigt, die die Übernahme des Cradle-to-Cradle-Prinzips erschweren. Aber es wird darüber hinaus auch deutlich, dass dies weder so sein noch so bleiben muss. Wir können das ändern! Dieser Band ist deshalb ein Beitrag zu einer herausragenden Frage der Nachhaltigkeitsdebatte, nicht nur in unserem Land.

Peter Pez
Lüneburg, August 2016

1 Einleitung

„Längst ist klar, dass die vielfach beklagten Krisen – vom Klimawandel über die Wirtschafts- und Finanzkrise bis hin zu den bereits absehbaren Konflikten um Öl, Wasser, Boden und Nahrungsmittel – durch das Festhalten an bisherigen Entwicklungspfaden verschärft, aber nicht überwunden werden" (KROPP 2013, 87).

KROPPS Kritik zeigt deutlich, dass bestehende Wirtschafts- und Konsumpraktiken demnach keine Grundlage bilden können, um den für eine nachhaltige Entwicklung notwendigen Strukturwandel durchzusetzen (FICHTER 2010, 181; KONRAD/NILL 2001, 3). Die Absenz nachhaltiger Gesellschaftsmodelle und eine zunehmend geforderte grundlegende Umstrukturierung lassen einen beträchtlichen Innovationsbedarf entstehen (WEHRSPAUN/ SCHACK 2013, 4; 25-26). Es ist allgemein anerkannt, dass eine langfristige Funktionsfähigkeit der Gesellschaft im hohen Maße von innovativen Lösungen und deren Adoption abhängig ist (KONRAD/NILL 2001, 3).

1.1 Ausgangslage und Problemstellung

Durch den 1992 in der Rio-Konferenz angestoßenen Nachhaltigkeitsdiskurs erlangte die Rolle von Innovationen im Zuge der erforderlichen Umorientierung der Wirtschafts- und Gesellschaftssysteme eine neue Bedeutung (EMIG 2013, 11; SCHWARZ/BIRKE/BEERHEIDE 2010, 165; WEHRSPAUN 2012, 57). Innovationen gelten als Voraussetzung für das Erreichen von langfristigem Wohlstand sowie Lebensqualität und werden gleichzeitig als Instrument deklariert, um die Wettbewerbsfähigkeit zu sichern. Darüber hinaus sollen sie dazu dienen, einen Strukturwandel in Konsum und Wirtschaft einzuleiten, der eine nachhaltige Gesellschaftsentwicklung ermöglicht (BECKENBACH ET AL. 2005, 7; LUKS 2005, 42).

In den 1990er Jahren entwickelte sich eine stark technisch fokussierte Ausrichtung des Diskurses um die zugeschriebene Rolle der Innovationen für eine nachhaltige Entwicklung (SCHWARZ ET AL. 2010, 165). Bis heute herrscht mehrheitliche Einigkeit, dass vorherrschende Technologien keine

Grundlage für einen elementaren Strukturwandel bilden und technische Innovationen ein wichtiger Bestandteil der Umstrukturierung sind (WITT 2005, 88). Dennoch setzt sich durch die immer stärker zu verzeichnende „Dysfunktionalität etablierter Praktiken" (HOWALDT/SCHWARZ 2010, 90) zunehmend die Erkenntnis durch, dass starke Interdependenzen zwischen den kulturellen, gesellschaftlichen Entwicklungen sowie den vorherrschenden Umweltproblemen existieren und somit nachhaltige Wirtschafts- und Gesellschaftsformen nicht ausschließlich durch technologische Innovationen erreicht werden können (SCHWARZ/HOWALDT 2013, 60; WEHRSPAUN/ SCHACK 2013, 19). Um eine nachhaltige Entwicklung zu ermöglichen, müssen Gesellschaften in die Lage versetzt werden, langfristige Denkmuster zu entwickeln und vorherrschende Werte sowie Lebensstile in Frage zu stellen (ebd.). Der überwiegend technisch geprägte Diskurs über die Rolle der Innovationen in der Nachhaltigkeit hat somit im letzten Jahrzehnt eine Erweiterung erfahren (SCHWARZ ET AL. 2010, 165). Nachhaltigkeit wird zunehmend als kulturelle Innovationsherausforderung aufgefasst, in der die erforderliche gesellschaftliche Umstrukturierung insbesondere durch soziale Innovationen und die Verknüpfung diverser Innovationsarten erfolgen sollte (SCHWARZ ET AL. 2010, 166; VOß/TRUFFER/KONRAD 2005, 179). Hierbei müssen technologischen Innovationen organisatorische Innovationen auf Unternehmens- und Produktebene folgen. Des Weiteren sollten Innovationen mit Veränderungen von Denkmustern, Lebensstilen und politischen Praktiken verknüpft werden (VOß ET AL. 2005, 179). Darüber hinaus muss eine Richtungsbeeinflussung der Innovationstätigkeit bezüglich ihres Beitrages zu einer nachhaltigen Entwicklung stattfinden (SCHWARZ ET AL. 2010, 170-176).

Unabhängig von der Innovationsart ist es entscheidend, dass grundlegende strukturelle Veränderungen nicht gescheut werden. Die Entwicklung und Durchsetzung von Innovationen, die einen elementaren Wandel herbeiführen, indem sie neben der Schaffung nachhaltiger Strukturen nichtnachhaltige Strukturen eliminieren (sogenannte Exnovation), müssen gefördert werden (FICHTER 2010, 182-197; WEHRSPAUN 2012, 57). Dieses Zusammenspiel von Innovation und Exnovation ist Teil des seit 1942 von JOSEPH SCHUMPETER geprägten Begriffs der Kultur der „schöpferischen

Zerstörung" (SCHUMPETER 1980, 134-142, Erstveröffentlichung 1942) und ist insbesondere bei radikalen Nachhaltigkeitsinnovationen gegeben (FICHTER 2010, 181-197). Laut FICHTER (2010, 181-197) hängen die Erfolgschancen einer nachhaltigen Entwicklung maßgeblich von dem Mut ab, vor allem radikale Nachhaltigkeitsinnovationen zu entwickeln und durchzusetzen. Zusammenfassend lässt sich demnach sagen, dass eine nachhaltige Entwicklung nicht allein durch marginale Symptombekämpfung anhand effizienter Technologien zu erreichen ist, sondern durch einen elementaren Umstrukturierungsprozess von Produktions-, Politik- und Konsummustern (SCHWARZ ET AL. 2010, 168; VOß ET AL. 2005, 178).

Cradle to Cradle, ein Konzept für öko-effektives Design und Produktion, setzt genau an diesem Punkt an (BRAUNGART/McDONOUGH/BOLLINGER 2007). Das von dem Architekten WILLIAM McDONOUGH und dem Chemiker MICHAEL BRAUNGART (2011a) entwickelte Designprinzip zielt darauf ab, durch eine von vornherein entwickelte öko-effektive Konzeption von Produkten, Verpackungen und Prozessen den Abfallbegriff überflüssig zu machen. Dieser Designprozess erfordert ein Nährstoffmanagement in geschlossenen Kreisläufen bei der Produktion und der Gestaltung ökologisch und gesundheitlich unbedenklicher Produkte (BRAUNGART ET AL. 2007, 1337; BRAUNGART/McDONOUGH 2011a, 136).

Betrachtet man den potenziellen Beitrag, den das Cradle-to-Cradle-Designprinzip zum „Erhalt kritischer Naturgüter und zu global und langfristig übertragbaren Wirtschafts- und Konsumstilen" (FICHTER/CLAUSEN 2013, 38) leisten kann, wird deutlich, dass dieser Ansatz nicht nur als reines Produktdesignkonzept verstanden werden kann. Neben dem Beitrag, den eine Implementierung einer nach Cradle-to-Cradle-Prinzipien designten schadstoff- und abfallfreien Kreislaufwirtschaft zur Umsetzung einer Green Economy leisten könnte, versprechen insbesondere die begleitenden sozialen Innovationen und eine Abkehr von dem bisher geltenden Produktions- und Konsumparadigma (Effizienz, Besitz und Abfall), bestehende Systemprobleme durch einen daraus resultierenden Wertewandel an den Wurzeln zu packen. Die angestrebte Nutzerintegration mithilfe des Leasingkonzepts stellt eine alternative Praktik des Konsums dar, die eine Veränderung vorhandener sozialer Praktiken erfordert und somit einen grundlegenden

Wandel der Konsummuster auslösen kann (Stiess 2013, 35-36; Wehrspaun/ Schack 2013, 26). Darüber hinaus beeinflusst das Designprinzip alle Akteure[1] der Wertschöpfungskette und fördert die Entwicklung neuer Akteurskonstellationen und Institutionen zur Erstellung des intelligenten „material pooling Systems" (Braungart et al. 2007, 1346) und die Entstehung neuer Geschäftsmodelle durch die notwendige Einführung neuer Dienstleistungs- und Serviceproduktkonzepte (ebd., 1346; Braungart/McDonough 2011a, 144; Stiess 2013, 36). Der öko-effektive Ansatz eines kreislauffähigen Produktionssystems unterscheidet sich in hohem Maße von derzeitigen industriellen Praktiken (Braungart et al. 2007) und weist somit einen hohen Innovationsgrad auf. Überdies verfügt er über die Charakteristika einer radikalen Innovation, da dieser sich nicht in die bestehenden Strukturen des Industriesystems und damit verbundenen Konsummuster einfügt, sondern auf eine Abschaffung des derzeitig verankerten linearen Cradle-to-Grave-Systems zielt (Braungart/McDonough 2011a, 136). Sollte der Aufbruch dieser Strukturen beziehungsweise deren Zerstörung gelingen, würden sich völlig neue Entwicklungspfade auftun, die im Sinne Schumpeters schöpferische Potenziale zur Erreichung der Nachhaltigkeitsziele darstellen könnten (Fichter 2010, 197; Paech 2012, 34; Schumpeter 1980, 134-142; Wehrspaun/Schack 2013, 26; Voß et al. 2005, 179).

Speziell durch die Kombination der im Konzept integrierten Innovationsarten (technische, geschäftsbezogene, institutionelle, soziale und radikale) kann dieser Ansatz nicht als ein rein technisch fokussiertes Produktdesignkonzept verstanden werden, sondern stellt darüber hinaus eine umfassende sozial-politische Neuerung dar. Diese wird somit von Braungart und McDonough (2013, 35) zurecht als potenzieller Hebel für einen tiefgreifenden Wandel der Gesellschaft eingestuft.

Es existieren bereits zahlreiche Bewegungen, in denen das Cradle-to-Cradle-Konzept punktuell umgesetzt wird. In Österreich, Israel, Dänemark, Taiwan, Wales, Südfrankreich oder in Neuseeland, besonders aber in Ka-

---

[1]   Im Verlauf dieser Arbeit wird zur Vereinfachung und Übersichtlichkeit für Personen- und Funktionsbezeichnungen die männliche Form verwendet, solange es sich nicht ausschließlich um weibliche Personen handelt.

lifornien und den Niederlanden entwickeln sich bereits lebendige Cradle-to-Cradle-Gemeinschaften und Anwendungsansätze (BRAUNGART/McDONOUGH 2011b, 7-11). Betrachtet man die deutsche Medienberichterstattung und die Einschätzung der Entwickler, bleiben die Reaktionen in Deutschland dagegen verhalten. Das Konzept wird verhältnismäßig wenig wahrgenommen und umgesetzt (BELLER 2012; BRAUNGART/McDONOUGH 2011b, 14; ELLWANGER 2012; FERDINAND 2011, 12; HAMM 2012; POPRAWA 2012; UNFRIED 2009).

1.2 Ziel der Arbeit

Vor dem Hintergrund, dass sich die aus den bestehenden Wirtschafts- und Konsumpraktiken resultierenden Krisen trotz anhaltender Bemühungen verschärfen, ist

> *„die mangelnde Durchsetzung nachhaltiger Innovationen, insbesondere das Beharrungsvermögen auf nicht nachhaltigen Formen des Wirtschaftens und sich festigenden Weltanschauungen und Institutionen, […] ein durchaus erklärungsbedürftiges Phänomen“ (KROPP 2013, 88).*

Um Erkenntnisse über mögliche Hemmnisse und gestalterische oder förderliche Mittel zu erlangen, ist es notwendig, Entwicklungsdynamiken nachhaltiger Innovationsprozesse zu analysieren und ihre Anschluss- sowie Akzeptanzpotenziale in der Gesellschaft zu verstehen (RÜCKERT-JOHN 2013, 15; SCHWARZ/HOWALDT 2013, 59-65). Im Rahmen der erforderlichen gesellschaftlichen Umstrukturierung sind Nachhaltigkeitsinnovationen, die aus der Verknüpfung diverser Innovationsarten bestehen sowie im Speziellen auch soziale Innovationen beinhalten, von besonderem Interesse (SCHWARZ ET AL. 2010, 166; VOß ET AL. 2005, 179). In diesem Zusammenhang findet das Cradle-to-Cradle-Konzept Beachtung und bildet auch den Untersuchungsgegenstand der vorliegenden Arbeit. Das Konzept entspricht sowohl den Kriterien der Zusammensetzung von Innovationsarten als auch denen einer potenziellen Nachhaltigkeitsinnovation. Dennoch fallen Wahrnehmung und Umsetzung in Deutschland bisher relativ verhalten aus. Aufgrund der bisher geringen Studienanzahl zur Implementierung des Cradle-to-Cradle-Konzepts hat diese Arbeit einen explorativen Charakter. Ziel ist es, einen möglichst breiten Überblick über den Adoptionsprozess in Deutschland zu erhalten, um Ansätze für tiefergehende Anschlussstudien zu liefern. In einem ersten Schritt sollen Einflussfaktoren auf den Adoptionsprozess in Deutschland identifiziert werden. Sie erlauben auch einen Einblick in mögliche Hemmnisse. Auf der Basis dieser Überlegungen entstand die folgende im Rahmen der Masterarbeit zu untersuchende Forschungsfrage: *Welche Faktoren beeinflussen die Cradle-to-Cradle-Adoption in Deutschland?*

1.3   Aufbau der Arbeit

Zunächst werden die der Arbeit zugrunde liegenden Begriffe Nachhaltigkeit und Innovation näher definiert. Die anschließenden Kapitel führen in die Bedeutung von Innovationen im Rahmen der Nachhaltigkeit und in das Cradle-to-Cradle-Konzept ein, um selbiges darauf aufbauend in den Kontext der Nachhaltigkeitsinnovation einzuordnen. Im Anschluss erfolgt eine nähere Betrachtung der Diffusionstheorie, wobei insbesondere die in der Forschung für die Adoption als relevant erachteten Faktoren beleuchtet werden. In Kapitel drei werden der bisherige Forschungsstand dargestellt und die Wahl des Forschungsdesigns sowie die methodische Vorgehensweise erläutert. Es folgen die Präsentation und Interpretation der Ergebnisse in Bezugnahme auf die dargelegten theoretischen Grundlagen und eine kritische Auseinandersetzung mit der angewandten Methodik. Ein Ausblick auf den weiteren Forschungsbedarf bezüglich der Cradle-to-Cradle-Adoption und einige Schlussfolgerungen schließen die Arbeit ab.

2 Theoretische Grundlagen

In diesem Teil der Arbeit werden die wesentlichen theoretischen Grundlagen dargestellt, die die nachfolgende Untersuchung leiten. Auf die Begriffserläuterungen zur Nachhaltigkeit und Innovation folgen die Darstellung und Einordnung des Cradle-to-Cradle-Konzepts in den Kontext der Nachhaltigkeitsinnovation sowie eine Vertiefung der Diffusionstheorie, insbesondere die für die Untersuchung relevanten Adoptionsfaktoren.

2.1 Begriffsdefinition Nachhaltigkeit und nachhaltige Entwicklung

Der Begriff „Sustainable Development", im deutschsprachigen Raum gemeinhin als „nachhaltige Entwicklung" oder „Nachhaltigkeit" bezeichnet, hat seit der Weltumweltkonferenz 1992 in Rio zunehmend an Bekanntheit gewonnen (MICHELSEN/ADOMßENT 2014, 3). Dennoch existiert bis heute keine einheitliche und universell gültige Definition nachhaltiger Entwicklung (VON HAUFF/KLEINE 2009, 27). Deren Relevanz in diversen Interessensgebieten hat zu unterschiedlichen Auslegungen des Begriffs durch beteiligte Akteursgruppen und letztlich zu Widersprüchen und Mehrdeutigkeit im Begriffsverständnis geführt[2] (MICHELSEN/ADOMßENT 2014, 3; OTTO 2007, 28).

Obwohl der Begriff erstmals im 18. Jahrhundert durch den Oberberghauptmann CARL VON CARLOWITZ im Rahmen der Forstwirtschaft geprägt wurde (VON CARLOWITZ 1713), stammt die bekannteste und am häufigsten zitierte Begriffsdefinition, über die zumindest ein breites Einvernehmen herrscht, aus dem Report der Weltkommission für Umwelt und Entwicklung der Vereinten Nationen, besser bekannt als Brundtland-Kommission (MICHELSEN/ADOMßENT 2014, 12-13). Die vorliegende Arbeit stützt sich auf diese Definition und versteht nachhaltige Entwicklung somit als „develop-

---

2   Zur Auflistung der verschiedenen Definitionsansätze siehe TREMMEL (2003, 100-116) und für einen historischen Überblick und Herangehensweisen der Definitionen siehe KATES/PARRIS/LEISEROWITZ (2005).

ment that meets the needs of the present without compromising the ability of future generations to meet their own needs" (WCED 1987, 54). Grundlage für die Problemanalyse und die entwickelten Handlungsempfehlungen der Brundtland-Kommission für eine nachhaltige Entwicklung bilden die drei Grundprinzipien der Verflechtung von Entwicklungs- und Umweltaspekten, der Einbeziehung globaler Verknüpfungen und der Gerechtigkeit. Letztere setzt sich aus einer intergenerationellen und intragenerationellen Perspektive zusammen (MICHELSEN/ADOMßENT 2014, 13):

▶ „die intergenerationelle Perspektive, verstanden als Verantwortung für künftige Generationen,

▶ und die intragenerationelle Perspektive, im Sinne von Verantwortung für die heute lebenden Menschen, v. a. für die armen Staaten und als Ausgleich innerhalb der Staaten" (ebd., 13).

Ähnlich zu den Uneinigkeiten bezüglich der Definition von Nachhaltigkeit ist auch die Unterscheidung zwischen den Begriffen Nachhaltigkeit und nachhaltige Entwicklung nicht eindeutig festgelegt (OTTO 2007, 37). In Deutschland gilt Nachhaltigkeit häufig als Kurzform des Begriffes nachhaltige Entwicklung (ebd., 37-38). Im Zuge dieser Arbeit wird Nachhaltigkeit jedoch als angestrebter Zustand verstanden (DI GUILIO 2004, 72). Dieser Zielzustand wäre erst dann erreicht, „wenn jeweils alle gegenwärtigen Menschen ihre (Grund-)Bedürfnisse befriedigen und ein gutes Leben führen könnten und wenn dies (durch weitere Entwicklung) auch für die Zukunft, d. h. für die jeweils künftigen Generationen, gesichert wäre" (ebd., 72). Nachhaltigkeit ist in diesem Sinne Ziel eines Prozesses, welcher als nachhaltige Entwicklung verstanden wird (ebd., 72).

Eine weitere Grundlage vieler Definitionen bilden die Nachhaltigkeitsdimensionen, deren Ursprünge ebenfalls im Brundtland-Report zu finden sind (VON HAUFF/KLEINE 2009, 9; DI GIULIO 2004, 75). In jenem weist die WCED auf Zusammenhänge zwischen sozialen, wirtschaftlichen und umweltbezogenen Problemen hin und fordert eine integrierte und gleichberechtigte Betrachtung dieser drei Aspekte, um eine nachhaltige Entwicklung durchzusetzen (DI GIULIO 2004, 75). Auf dieser Basis haben sich seither diverse Konzepte um die Dimensionen entwickelt, die sich vorrangig in der

Anzahl (1-8)[3] und der Gewichtung unterscheiden. Am häufigsten wird das Drei-Dimensionen-Modell verwendet, das die Dimensionen Ökonomie, Ökologie und Soziales betrachtet (MICHELSEN/ADOMßENT 2014, 28-29). Darüber hinaus werden insbesondere auch kulturelle, politische und institutionelle Dimensionen diskutiert (ebd., 29-30; TREMMEL 2003, 116).

Trotz anhaltender Bemühungen und generiertem Wissensstand ist es bisher nicht gelungen, eine in diesem Sinne nachhaltige Entwicklung zu initiieren und die Folgen nicht nachhaltigen Handelns mit den bestehenden Ansätzen zu verringern (FISCHER ET AL. 2007, 621). Es lässt sich im Gegensatz sogar eine Verschlechterung der Zustände verzeichnen (WEIJERMARS 2011, 4667). FISCHER ET AL. (2012, 153) sehen die bestehenden Barrieren vor allem im menschlichen Verhalten verankert und KAGAN (2012, 11) weist darauf hin, dass die Notwendigkeit einer kulturellen Transformation, ergo das Erfordernis, die „Software unseres Handelns neu zu schreiben" (ebd., 11), in bisherigen Bemühungen verkannt wurde. Ohne die Veränderung bestehender kultureller Paradigmen werden Bemühungen um technologische, ökonomische und politische Veränderungen (Hardware) weitestgehend erfolglos bleiben (ebd., 11). Aus diesem Grund wird in der vorliegenden Arbeit die kulturelle Dimension den sonst üblichen Dimensionen Ökonomie, Ökologie und Soziales hinzugefügt.

Nur wenn kulturelle Werte und Praktiken hinterfragt und wenn nötig abgewandelt werden, besteht die Chance, den sustainability gap zu schließen (ORNETZEDER/BUCHEGGER 1998, 31; KURT/WEHRSPAUN 2001, 17). Aufgrund dessen wird Kultur bezüglich der Gewichtung der Dimensionen im Sinne von KURT und WEHRSPAUN (2001) „als eine Art ‚energetischer Fokus'" (ebd., 21) gesehen:

> „Metaphorisch zu denken als der Punkt, durch den die einzelnen Dimensionen [...] aufeinander rückstrahlen; als Pol, der die relativen Gewichtungen der verschiedenen Dimensionen austariert, und in dem sich so letzten Endes die Stimmigkeit und Tragfähigkeit des gesamten Gefüges entscheidet" (ebd., 21).

---

3   Zur Auflistung der verschiedenen Dimensionen siehe TREMMEL (2003, 100-116).

Hinsichtlich der Gewichtung ökologischer, sozialer und ökonomischer Aspekte wird eine gleichberechtigte Betrachtung gewählt (siehe Abb. 1). Diese wird auch von den Begründern des Cradle-to-Cradle-Konzepts vertreten (BRAUNGART/MCDONOUGH 2011a, 190-191).

2.2 Begriffsdefinition Innovation

„Innovation" ist heutzutage allgegenwärtig und inzwischen auch ein fast schon modischer Begriff (HAUSCHILDT/SALOMO 2011, 3). Obwohl in vielen Fachbereichen verwendet, besteht bis heute kein einheitliches Verständnis darüber, was genau unter dem Begriff zu verstehen beziehungsweise wie er zu definieren ist (BAREGHEH/ROWLEY/SAMBROOK 2009, 1324; VON STAMM 2010, 27).[4] Wird die etymologische Herkunft betrachtet, lässt sich Innovation aus den lateinischen Wörtern „innovatio" (Erneuerung, Veränderung) und „novus" (neu) ableiten (DUDEN 2007, 884). Bei einer Innovation handelt es sich demnach nicht nur um etwas Neuartiges (HAUSCHILDT/SALOMO 2011, 3-4). Sie trägt darüber hinaus zu einer Veränderung des Bekannten bei (ebd., 3-4). Welche Bedeutung das Wort „neu" in diesem Kontext einnimmt, wird in Fachkreisen ebenfalls unterschiedlich interpretiert (VAHS/ BREM 2013, 22). Obwohl Innovationen mit etwas Neuem in Verbindung gebracht werden, ist nicht alles Neue zugleich eine Innovation (o. A. 2014a, 9). In Anlehnung an ROGERS Definition von Innovation als „any idea, practice or object perceived as new by an individual or another unit of adoption" (ROGERS/SHOEMAKER 1971, 19) heben HAUSCHILDT und SALOMO (2011, 18) die Rolle der Wahrnehmung in der Innovationsbestimmung hervor. Eine Erfindung kann demnach erst dann als Innovation bezeichnet werden, wenn sie von potenziellen Adoptoren als neu und innovativ eingeschätzt wird (FICHTER 2011, 18; HAUSCHILDT/SALOMO 2011, 18). Die alleinige Erfindung einer solchen Neuartigkeit (Invention) ist demnach nicht ausreichend, um sie als Innovation zu definieren. Es handelt sich um eine „Invention" (HAUSCHILDT/SALOMO 2011, 5). Im Gegensatz zur Invention besteht die In-

---

4   Für einen Überblick der verschiedenen Definitionsansätze siehe HAUSCHILDT/SALO-
     MO (2011, 6-7).

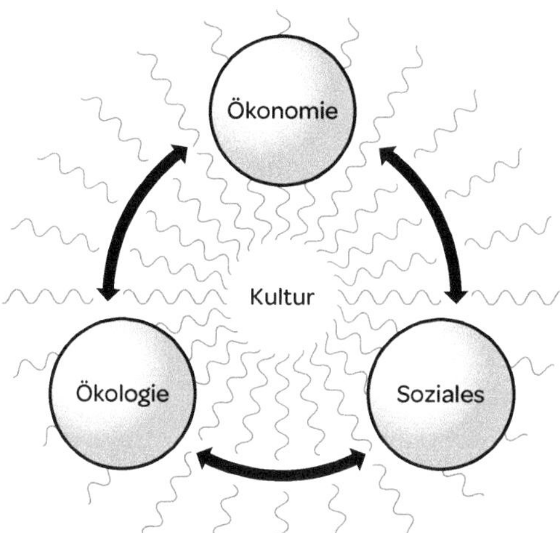

Abb. 1: Die Nachhaltigkeitsdimensionen
Quelle: Eigene Darstellung

novation aus einer geplanten und gezielt durchgesetzten Erneuerung, mit dem Ziel, Bestehendes zu optimieren oder Neuartiges einzuführen (HAUSCHILDT/SALOMO 2011, 5-11; BROCKHAUS 1997, 555).

Das heutige Innovationsverständnis wurde maßgeblich durch die Werke „Theorie der wirtschaftlichen Entwicklung" (1912) und „Business Cycles" (1939a; 1939b) des Ökonomen SCHUMPETER geprägt (FICHTER 2011, 11-12,), in denen er die Einführung von neuen Systemen, Produkten und Prozessen als „Durchsetzung neuer Kombinationen" (SCHUMPETER 2006, 158, Erstveröffentlichung 1912) betitelt (RAMMERT 2010, 21). Das dem Innovationsbegriff SCHUMPETERS zugrunde liegende technische Verständnis ist auch heutzutage noch tief verankert, aber vor allem seitens der Politik- und Sozialwissenschaften stark in die Kritik geraten (o. A. 2014b, 15; RAMMERT 2010, 21).

So wird in der modernen Innovationsforschung häufig in enge und breite Begriffsdefinitionen unterteilt (RENNINGS 2005, 18). Der enge Innovationsbegriff bezieht sich „auf technische, ökonomisch direkt verwertbare Neuerungen" (SAGEBIEL 2013, 95). Wohingegen ein breites Innovationsverständnis auch nicht-technische Neuerungen einbezieht, wie zum Beispiel die

Wissenseinführung oder Veränderung der Arbeitsstrukturen einer Organisation, und auf jegliche menschliche Praktiken ausgeweitet werden kann (RENNINGS 2005, 18; DOSTAL 2002, 493). Des Weiteren umfasst ein breites Verständnis neben der Invention und der Adoption (Durchsetzung) auch dessen Marktdurchdringung (Diffusion) (MÜLLER-PROTHMANN/DÖRR 2011, 7; RENNINGS 2005, 19). Eine Neuerung kann demnach erst dann als Innovation gelten, wenn sie einen maßgeblichen „Grad der Verbreitung erreicht hat" (HOWALDT/SCHWARZ 2010, 93) und tatsächliche Anwendung in der Alltagspraxis findet (ebd.).

In Deutschland dominiert hinsichtlich des Verständnisses von Innovationsprozessen nach wie vor das „lineare [...] Science-Push-Modell" (JOLY/RIP 2012, 217), in dem die Wissenschaft als Impulsgeber des Fortschritts neue Lösungsangebote entwickelt, die anschließend in der Industrie Anwendung finden (JOLY/RIP 2012, 217; KROPP 2013, 94; WEHRSPAUN 2012, 68). In diesem exogenen Verständnis nimmt die Gesellschaft eine passive, rezipierende Rolle ein, die sich lediglich an neue Entwicklungen in Wissenschaft und Industrie anpasst (JOLY/RIP 2012, 217; 226-227). Das endogene Innovationsverständnis hingegen geht von einem durch Rückkopplungsschleifen geprägten Prozess aus, in dem über die Einbindung des Nutzers und unterschiedlicher Wissens- und Funktionsbestände die Gesellschaft selbst zum Innovationsort wird und eine Bandbreite an Akteuren am Gestaltungsprozess neuer Problemlösungen mitwirkt (HIRSCH-KREINSEN 2010, 74; RAMMERT 2008, 291; SCHWARZ/HOWALDT 2013, 56).

Hinsichtlich des Gegenstandsbereiches einer Innovation liegen in der Literatur unterschiedliche Ansätze vor. Die häufigste Einteilung unterscheidet zwischen Produkt- und Prozessinnovationen (HAUSCHILDT/SALOMO 2011, 5-9; RENNINGS 2005, 18), aber auch die folgende Unterscheidung ist geläufig:

► „**technische** Innovationen: Produkte, Prozesse, technisches Wissen

► [...] **organisationale** Innovationen: Strukturen, Kulturen, Systeme, Management Innovationen

► [...] **geschäftsbezogene** Innovationen: Erneuerung des Geschäftsmodells, der Branchenstruktur, Markstrukturen und -grenzen, der Spielregeln" (HAUSCHILDT/SALOMO 2011, 9-10)

Ein Großteil der heutigen Definitionsansätze bezieht sich hauptsächlich auf die Einführung ökonomischer Neuerungen, aber auch andere Gesellschaftsbereiche wie beispielsweise Bildung, Kultur oder Wissenschaft können sich durch Innovationen verändern (RAMMERT 2010, 21). Für die Untersuchung der Cradle-to-Cradle-Adoption spielen neben den ökonomischen auch die nicht-ökonomischen Gegenstandsbereiche eine Rolle. Infolgedessen werden im Rahmen dieser Arbeit die nachfolgenden Gegenstandsbereiche den oben aufgeführten hinzugefügt:

- „**institutionelle** Innovationen (neuartige Einrichtungen wie z. B. Förderagenturen, neuartige marktliche Regelsysteme wie z. B. Zertifizierungs- und Produktkennzeichnungssysteme)
- **soziale** Innovationen (neuartige Lebensformen, Lebens- und Konsumstile, neuartige gesellschaftliche Organisationsformen)" (FICHTER 2011, 14, Hervorhebungen verändert)

Trotz dieser Unterteilung ist hervorzuheben, dass es in vielen Fällen jedoch nicht möglich ist, Innovationen einem einzigen Innovationsgegenstand zuzuordnen, da vielfach kombinierte Veränderungsprozesse durch Innovationen ausgelöst werden (FICHTER 2011, 14).

Um den Begriff im Zuge dieser Arbeit abzugrenzen, wird auf folgende Begriffsdefinition – basierend auf einem endogenen Prozessverständnis – zurückgegriffen:

> *„Innovation ist die Entwicklung[,] [...] Durchsetzung [und Verbreitung] einer technischen, organisationalen, geschäftsbezogenen, institutionellen oder sozialen Problemlösung, die als grundlegend neu wahrgenommen, von relevanten Akteuren akzeptiert und von Innovatoren in der Erwartung eines Erfolgs betrieben wird"* (FICHTER 2011, 13).

Für die im Rahmen der vorliegenden Arbeit angestrebte Herausstellung der Bedeutung von Innovationen für eine nachhaltige Entwicklung und die spätere Einordnung des Cradle-to-Cradle-Konzepts sind darüber hinaus weitere Abgrenzungen von Innovationsarten relevant, die sich anhand ihres Auslösers, dem Neuheitsgrad oder dem erforderlichen Veränderungsumfang differenzieren lassen (siehe Tab. 1) (VAHS/BURMESTER 2005, 72-82).

Differenzierungs-kriterium	Kernfrage	Innovationsarten
Gegenstandsbereich	Worauf bezieht sich die Innovation?	Produktinnovation Prozessinnovation soziale Innovation organisatorische Innovation
Auslöser	Wodurch wird die Innovation veranlasst?	Pull-Innovation Push-Innovation
Neuheitsgrad	Wie neu ist eine Innovation?	Basisinnovation Verbesserungsinnovation Anpassungsinnovation Imitation Scheininnovation
Veränderungsumfang	Welche Veränderungen werden durch die Innovation erforderlich?	Inkrementalinnovation Radikalinnovation

Tab. 1: Innovationsarten
Quelle: Eigene Darstellung und Ergänzungen in Anlehnung an
VAHS/BURMESTER 2005, 72-82

Im Folgenden werden nun die Innovationsarten herausgegriffen und genauer erläutert, die insbesondere im Zusammenhang mit dem Cradle-to-Cradle-Konzept eine wichtige Rolle spielen.[5]

Unter einer **Produktinnovation** versteht man die Neuentwicklung einer marktfähigen materiellen oder immateriellen Leistung, die als Angebot auf dem Markt in irgendeiner Form neu ist (PEPELS 2013, 4; VAHS/BREM 2013, 53).

Die **Prozessinnovation**, häufig auch Verfahrensinnovation genannt, hat „die Veränderung bzw. Neugestaltung der im Unternehmen notwendigen materiellen und informationellen Prozesse" (HENSEL/WIRSAM 2008, 14) zum Ziel und gilt für sich gesehen, im Gegensatz zur Produktinnovation, nicht als marktfähig (KASCHNY/HÜRTH 2010, 24).

Eine **radikale Innovation**, auch revolutionäre Innovation genannt, setzt sich häufig aus einer kombinierten Form von Produkt-, Prozess- und or-

---

5   Für eine Erklärung der restlichen Innovationsarten siehe VAHS/BURMESTER (2005, 72-82).

ganisatorischen Innovationen zusammen und weist darüber hinaus einen hohen Neuheitsgrad auf (KONRAD/NILL 2001, 28; VAHS/BREM 2013, 67). Im Gegensatz zu anderen Innovationsarten fügen sich radikale Innovationen nicht in bestehende gesamtwirtschaftliche und gesellschaftliche Entwicklungspfade ein, sondern brechen diese durch eine komplexe Umgestaltung der gesamten Systemstruktur, angefangen bei ausgewählten Rohstoffen bis hin zu neuen Wissensformen und deren Anwendung, auf (KONRAD/NILL 2001, 28; VOß ET AL. 2005, 179). Folglich ist dessen erfolgreiche Verbreitung in hohem Maße von ko-evolutorischen und interdependenten Anpassungsprozessen mit den jeweiligen „technischen, wirtschaftlichen, gesellschaftlichen und politischen Selektionsumfeld[ern]" (VOß ET AL. 2005, 179) abhängig, schwer vorhersehbar und mit einem dementsprechend hohen wirtschaftlichen Risiko behaftet (VAHS/BREM 2013, 67; VOß ET AL. 2005, 179).

In der heutigen Innovationsforschung wird eine

> *„von bestimmten Akteuren bzw. Akteurskonstellationen ausgehende intentionale, zielgerichtete Neukonfiguration sozialer Praktiken in bestimmten Handlungsfeldern bzw. sozialen Kontexten, mit dem Ziel, Probleme oder Bedürfnisse besser zu lösen bzw. zu befriedigen, als dies auf der Grundlage etablierter Praktiken möglich ist"* (HOWALDT/ SCHWARZ *2010, 89; Hervorhebungen verändert),*

als **soziale Innovation** bezeichnet. Der damit korrelierende soziale Wandel ist als Zielgegenstand sozialer Innovation definiert und nicht mit dieser gleichzusetzen. Dies stellt einen großen Unterschied zur technischen Innovation dar, bei welcher der soziale Wandel Begleitfunktion ist. Soziale Innovationen bilden eine potenzielle Grundlage beziehungsweise sind Bestandteil für einen sozialen Wandel und sind nicht selbst Teil davon (HOWALDT/ SCHWARZ 2010, 92).

Ausgehend von dieser Definition können zum Beispiel alternative Konsumpraktiken wie das Car Sharing oder die Slow-Food-Bewegung als soziale Innovationen verstanden werden, da sie mit veränderten Nutzungsverhältnissen zu Produkten und Dienstleistungen einhergehen (STIESS 2013, 34-36). Sie gelten jedoch nur dann als soziale Innovation, wenn sie eine gesellschaftliche Transformation durchsetzen und als neue soziale Praktik akzeptiert und integriert werden. Wie bei jeder anderen Innovationsart ist neu nicht per se mit sozial erwünscht gleichzusetzen. Soziale Innovationen zeichnen sich im Gegensatz sogar häufig durch ambivalente Wirkungszuschreibungen aus (SCHWARZ/HOWALDT 2013, 56).

Eine **Nachhaltigkeitsinnovation**[6] muss im Gegensatz dazu einen „identifizierbaren oder plausibel begründbaren Beitrag zu den Zielen einer nachhaltigen Entwicklung leisten" (FICHTER 2010, 182). Sie wird als

„Entwicklung und Durchsetzung einer technischen, organisationalen, institutionellen oder sozialen Problemlösung, die zum Erhalt kritischer Naturgüter und zu global und langfristig übertragbaren Wirtschaftsstilen und Konsumniveaus beiträgt" (FICHTER/CLAUSEN *2013, 38),*

definiert. Ob es sich um eine Nachhaltigkeitsinnovation handelt, kann, wie bei jeder Innovationsart, erst im Nachhinein identifiziert werden. Dies unterliegt einem gesellschaftlichen Bewertungsprozess, der auf dem jeweiligen Nachhaltigkeitsverständnis und Zeitgeist der Gesellschaft basiert (FICHTER 2010, 182).

2.3 Die Bedeutung von Innovationen für eine nachhaltige Entwicklung

Wirtschaftskrise, Klimawandel, das Wohlstands-Armuts-Gefälle oder die sich bereits zuspitzenden Konflikte um Boden, Wasser und Öl machen deutlich, dass ein Beharren auf derzeitigen gesellschaftlichen Strukturen und dem damit einhergehenden Umweltverbrauch keine zukunftsfähige Option darstellt (FICHTER 2010, 181; KROPP 2013, 87; WEHRSPAUN/SCHACK 2013, 25-26). Die anhaltende Verschärfung der Krisen durch bestehende Wirtschafts- und Konsummuster führt zunehmend zu der Erkenntnis, dass

---

6   Die Nachhaltigkeitsinnovation hat bisher noch keinen Eingang in die oben dargestellte Übersicht an Innovationsarten (siehe Tab. 1) aus dem Innovationsmanagement nehmen können, ist aber für die Thematik der vorliegenden Arbeit relevant und wird deshalb von der Verfasserin betont.

ein grundlegender Strukturwandel vonnöten ist, um den Umstieg zu einer nachhaltigen Entwicklung zu erreichen (FICHTER 2010, 181; KROPP 2013, 87; WEHRSPAUN/SCHACK 2013, 25-26). Da für den Prozess der Entwicklung und Umsetzung bisher nicht existenter nachhaltiger Gesellschaftsmodelle eine Entkopplung von Wachstum und Naturverbrauch notwendig wird und somit in vielen verschiedenen Bereichen ein Veränderungsbedarf entsteht, herrscht breite Einigkeit über einen damit aufkommenden Innovationsbedarf (LUKS 2005, 41; WEHRSPAUN/SCHACK 2013, 25; KONRAD/NILL 2001, 3). Die Rolle innovativer Lösungen für einen tief greifenden Wirtschafts- und Gesellschaftswandel hat somit seit der Rio-Konferenz eine neue Bedeutung erfahren und ist zunehmend als Voraussetzung für das Erreichen von langfristigem Wohlstand, Lebensqualität und langfristiger Wettbewerbsfähigkeit im Nachhaltigkeitsdiskurs etabliert worden (BECKENBACH ET AL. 2005, 7; EMIG 2013, 11; SCHWARZ ET AL. 2010, 165; WEHRSPAUN 2012, 57). Auf dieser Basis wurde auf der Rio+20-Konferenz das wirtschaftspolitische Konzept der innovationsorientierten Green Economy entwickelt, das eine Umstrukturierung zu einer nachhaltigen und tragfähigen Wirtschaftsform ermöglichen soll (FICHTER/CLAUSEN 2013, 25). Zielsetzung der Green Economy ist es,

▶ „schädliche Emissionen und Schadstoffeinträge in alle Umweltmedien noch stärker zu vermeiden,

▶ Abfälle zu vermeiden, wiederzuverwerten und umweltverträglich zu beseitigen sowie Stoffkreisläufe so weit wie möglich zu schließen,

▶ den Einsatz nicht erneuerbarer Ressourcen weiter zu senken,

▶ eine noch effizientere Nutzung von Energie, Rohstoffen und anderen natürlichen Ressourcen zu erreichen,

▶ nicht erneuerbare Ressourcen durch nachhaltig erzeugte erneuerbare Ressourcen kontinuierlich zu ersetzen,

▶ langfristig eine stärker auf erneuerbaren Energien basierende Energieversorgung zu ereichen [sic!] und

▶ die biologische Vielfalt sowie Ökosysteme und ihre Leistungen zu erhalten beziehungsweise wiederherzustellen" (BMU/BDI 2012, 9).

Die grundsätzlich begrüßte Zielsetzung der Green Economy wird jedoch vor allem für die Förderung eines induzierten Glaubens an ein durch technische Innovation erreichbares unbegrenztes Wachstum im Rahmen der Tragfähigkeit des Planeten kritisiert. Diese Kritik ist aus zweierlei Gründen berechtigt (FICHTER/CLAUSEN 2013, 26). Sie verdeutlicht erstens die Konzentration auf technische Lösungsansätze, die als „zentrale Impulsgeber der ökonomischen Dynamik" (HOWALDT/JACOBSEN 2010, 9) ebenfalls mit gesellschaftlichem Fortschritt assoziiert werden und neben politischen und wirtschaftlichen Debatten auch im Nachhaltigkeitsdiskurs im Zentrum der Handlungsoptionen zur Bewältigung gegenwärtiger Krisen stehen (ADERHOLD 2005, 7; HOWALDT/JACOBSEN 2010, 9; BMU 2010, 17; RÜCKERT-JOHN 2013, 13; SCHWARZ ET AL. 2010, 165).

Obwohl breite Einigkeit darüber herrscht, dass es neuer Technologien für eine nachhaltige Entwicklung bedarf, wird der damit herausgebildete Effizienzfokus auf Produkte und Produktionsverfahren der Nachhaltigkeitspolitik zunehmend kritisiert (BESIO 2013, 82; HABERL ET AL. 2011, 8-9; SCHWARZ ET AL. 2010, 168-169; WEHRSPAUN/SCHACK 2013, 23). Grund hierfür ist der mit der Effizienzsteigerung korrelierende Reboundeffekt, der aufgrund der durch die neuen Technologien entstandenen Konsummuster die positiven Effekte auf die reale Ökobilanz neutralisiert oder diese im Gegensatz noch verschärfen kann (BESIO 2013, 71-72; WEHRSPAUN/SCHACK 2013, 23). Durch Technologie erzielte Einsparungen werden somit „sozial außer Kraft gesetzt" (BESIO 2013, 72). Angesichts dessen besteht laut SCHWARZ ET AL. (2010, 168-169) bei einem Beharren auf einer solchen technologiegetriebenen Wachstumsspirale die Gefahr, dass trotz intensiver Bemühungen keine Nachhaltigkeitseffekte zu verzeichnen seien und die Bereitschaft, Lebensstile zu verändern, über die Technologiegläubigkeit herabgesetzt werde. Auch wenn Effizienz durchaus einen Beitrag zur Entkopplung von Wohlstand und Umweltverbrauch leisten kann, verdeutlichen aktuelle Entwicklungen, dass technologischer Fortschritt allein keinen Lösungsansatz zur Erreichung der Nachhaltigkeitsziele darstellt (HABERL ET AL. 2011, 8).

Hierfür ist eine große gesellschaftliche Transformation erforderlich, die neben der Einführung nachhaltiger Technologien und Produktionsmuster auch weitreichende Veränderungen der Wirtschafts-, Politik- und Institutionsordnung, kultureller Werte und Praktiken mit einschließt, ergo auch mit einer Modifikation menschlichen Verhaltens einhergeht (EMIG 2013,

7; Markard/Raven/Truffer 2012, 956; Schneidewind 2013, 7; Voß et al. 2005, 178). Schon Meadows wies 1999 (1-19) in ihrer Aufstellung neun möglicher Ansatzpunkte, die mit unterschiedlichem Wirkungsgrad Veränderungen und Anpassungen eines komplexen Systems hervorrufen können, darauf hin, dass die größten Hebelwirkungen auch in Bezug auf eine nachhaltige Entwicklung mit der Reformierung der kulturellen Paradigmen sowie der kulturellen Software eines Systems zu erreichen sind. Obwohl sich im aktuellen Nachhaltigkeitsdiskurs zunehmend die Erkenntnis durchsetzt, dass die tiefliegenden Wurzeln unserer nicht-nachhaltigen Gesellschaft in Form von Werten und Normen und darauf aufbauenden Lebensstilen vorliegen, wird die daraus resultierende notwendige Integration des Kulturwandels in derzeitige Nachhaltigkeitsinnovationstheorien und -strategien nur marginal umgesetzt (Fichter/Pfriem 2007, 104; Wehrspaun/Schack 2013, 25).

Die durch die Fokussierung auf technologieorientierte Lösungsansätze überwiegend ausgeblendeten gesellschaftlichen Dynamiken des Nachhaltigkeitsdiskurses der 1990er Jahre gewinnen in der heutigen Diskussion in Folge „der zunehmenden Dysfunktionalität etablierter Praktiken" (Howaldt/Schwarz 2010, 90) und sich daraus manifestierenden und verschärfenden Krisen zunehmend an Relevanz (Howaldt/Schwarz 2010, 88-89; Rückert-John 2013, 13). In diesem Zusammenhang rückt auch die Durchsetzung von sozialen Innovationen in den Mittelpunkt der Aufmerksamkeit. Technisch-ökonomische Innovationen im Rahmen einer nachhaltigen Entwicklung können nur dann ihr volles Potenzial entfalten, wenn auch „neue Kulturtechniken bzw. soziale Praktiken" (Schwarz et al. 2010, 166) durch komplementäre soziokulturelle Anpassungsinnovation durchgesetzt werden (Schwarz et al. 2010, 167-168; Wehrspaun/Schack 2013, 26). Für die erfolgreiche Durchsetzung von Nachhaltigkeit und einer Green Economy sowie der damit erforderlichen Gesellschaftstransformation kommt es insbesondere darauf an, inwieweit Gesellschaften in der Lage sind, vorherrschende Werte und Lebensstile zu hinterfragen und gegebenenfalls notwendige Anpassungen vorzunehmen (Schwarz/Howaldt 2013, 60). Aufgrund ihrer Wertebezogenheit gelten soziale Innovationen daher als ein adäquates Mittel der gesellschaftlichen Transformation (Howaldt/Schwarz 2010,

90-91). Die inhärente Ambivalenz sozialer Innovationen hat jedoch zur Folge, dass unklar bleibt, welche sozialen Innovationen den normativen Nachhaltigkeitsanforderungen gerecht werden (SCHWARZ/HOWALDT 2013, 65).

Zweitens verdeutlicht die Kritik an der Green Economy die viel diskutierte Wachstumsproblematik (FICHTER/CLAUSEN 2013, 26). Die häufig im Rahmen nachhaltiger Entwicklung zum Allheilmittel stilisierten Innovationen sind, so PAECH (2012, 32), ihrer Natur nach Teil des Wachstumsmechanismus und somit als Wachstumsstimulus nicht nur Impuls einer nachhaltigen Entwicklung, sondern ebenso eine ihr entgegenstehende Wirkungskraft (LUKS 2005, 42). Die angestrebte Entkopplung von Wohlstand und Umweltverbrauch sei nur zu erreichen, wenn neben qualitativen Verbesserungen auch Degrowth-Mechanismen in Betracht gezogen werden (PAECH 2012, 31). Darüber hinaus erschwert der ambivalente Charakter von Innovationsprozessen deren Planung, ganz zu schweigen von der Steuerung oder Prognoseerstellung (ebd., 33). Insbesondere die langfristige Auswirkung von Nachhaltigkeitsinnovationen bleibt in hohem Maße ungewiss (HANSEN/GROSSE-DUNKER 2013, 2408). Die Notwendigkeit und Entstehung des heutigen Nachhaltigkeitsdiskurses wird unter anderem auch den unbeabsichtigten Spät- und Nebenfolgen früherer Innovationsprozesse zugerechnet und offenbart die Problematik, dass Innovation ein durchaus ambivalentes Werkzeug zur Erreichung der Nachhaltigkeitsziele darstellt (FICHTER/CLAUSEN 2013, 29; KONRAD/NILL 2001, 4; PAECH 2012, 225; WITT 2005, 88).

Nichtsdestotrotz besitzen Innovationen das Potenzial, gesellschaftliche Strukturen im großen Umfang zu transformieren (O. A. 2014a, 9). Für das Erreichen der Nachhaltigkeitsziele mittels Innovationen stellen sich demnach vor allem die Fragen, inwieweit eine Innovation zu einer Realisierung der Nachhaltigkeitskriterien beiträgt und wie und in welchem Umfang die Richtung von Innovationen zu beeinflussen ist (FICHTER 2010, 183; SCHWARZ ET AL. 2010, 170). Um das Nachhaltigkeitspotenzial von Innovationen zu erhöhen, dürfen sie keinen separaten Untersuchungen unterzogen werden, sondern sollten immer im Zusammenhang mit „Wertewandel und veränderten Rahmenbedingungen des Innovierens" (FICHTER/CLAUSEN 2013, 29) gesehen werden (ebd., 29). Ferner stellen Innovationen nur dann einen sinnvollen Beitrag dar, wenn simultan nicht-nachhaltige Strukturen abgeschafft und ersetzt werden (PAECH 2012, 28). Schon SCHUMPETER (1980, 134-142, Erstveröffentlichung 1942) wies in seinem Buch „Kapitalismus, Sozialismus und Demokratie" darauf hin, dass erhebliche Verbesserungen mittels Innovationen aus der Ablösung beziehungsweise „schöpferischen Zerstörung" alter Kombinationen resultieren können (ebd, 134-142). Im Nachhaltigkeitsdiskurs liegt der Fokus der Betrachtung in der Regel auf dem Aufbau nachhaltiger Gesellschaftsformen oder der Stabilisierung der systeminhärenten Anpassungsfähigkeit bereits bestehender sozioökologischer Strukturen (NEWIG 2013, 133-134). Dies führt jedoch zu einer Marginalisierung der Bedeutung des Verfalls als unabkömmlicher Bestandteil einer funktionierenden Gesellschaft (ebd., 133-134). Eben diese Zerstörung nicht-nachhaltiger Strukturen ist eine der Voraussetzungen für die Schöpfung neuer Gefüge (ebd., 134). Die Anerkennung der Exnovation als weiterer erforderlicher Veränderungsmodus und dessen Zusammenwirken mit Innovationen sollte demnach bei der Erstellung von Nachhaltigkeitsinnovationsstrategien berücksichtigt werden (FICHTER 2010, 181; PAECH 2012, 34). In dieser Hinsicht nehmen insbesondere radikale Innovationen durch die Verknüpfung diverser Innovationsarten eine besondere Rolle ein, da sie sich nicht in bestehende gesellschaftliche Strukturen einbetten, sondern diese aufzubrechen vermögen und schöpferische Zerstörungspotenziale freisetzen (FICHTER 2010, 197; WEHRSPAUN/SCHACK 2013, 26; VOß ET AL. 2005, 179). Laut FICHTER (2010, 181-197) hängen die Erfolgschancen einer nachhaltigen Entwicklung folglich maßgeblich von dem Mut ab, vor allem radikale Nachhaltigkeitsinnovationen zu entwickeln und durchzusetzen.

2.4 Cradle to Cradle

Laut MICHAEL BRAUNGART, Chemiker und Gründer der EPEA Internationale Umweltforschung GmbH, und WILLIAM McDONOUGH, Architekt und Gründer von William McDonough & Partners, haben „die Menschen [...] primär kein Problem der Umweltverschmutzung, sie haben ein Designproblem" (2013, 23). Für die Expo 2000 entwickelten sie daher die „Hannover Principles", um eine Inspiration und Plattform für Designansätze zu schaffen, die die Bedürfnisse sowohl jetziger als auch folgender Generationen befriedigen, ohne die Kapazitäten des Planeten zu überlasten (MCDONOUGH/ BRAUNGART 1992, 2-3). Darauf aufbauend entstand das Konzept Cradle to Cradle, das 2002 unter dem Titel „Remaking the Way We Make Things" MCDONOUGH/BRAUNGART 2002a) veröffentlicht wurde.

Im folgenden Kapitel werden zunächst das Cradle-to-Cradle-Konzept und seine zentralen Komponenten dargestellt. Darauf aufbauend kann das Potenzial des Ansatzes als Nachhaltigkeitsinnovation analysiert werden.

2.4.1 Von der Öko-Effizienz zur Öko-Effektivität

Cradle to Cradle ist ein öko-effektives Design- und Produktionskonzept (BRAUNGART ET AL. 2007, 1137). Es zielt darauf ab, durch eine von vornherein entwickelte öko-effektive Konzeption von Produkten, Verpackungen und Prozessen den Abfallbegriff überflüssig zu machen (BRAUNGART/MC-DONOUGH 2011a, 136). Betrachtet man die Nachhaltigkeitsproblematiken aus der Designperspektive, wird laut der Entwickler deutlich, dass die bestehenden Industriesysteme einer grundlegenden Veränderung unterzogen werden müssen (MCDONOUGH ET AL. 2003, 434-435). Die moderne industrielle Infrastruktur forciert in erster Linie wirtschaftliches Wachstum und basiert auf einem linearen Design- und Produktionsrahmen, in dem nach dem Prinzip „Cradle to Grave" (Wiege zur Bahre) Rohstoffe extrahiert, zu Produkten verarbeitet und letztendlich als Abfall unwiederbringlich entsorgt werden (BRAUNGART ET AL. 2007, 1337; BRAUNGART/MCDONOUGH 2011a, 64). Ökologische, gesundheitliche und kulturelle Aspekte dieses linearen Materialienflusses spielen eine untergeordnete Rolle (BRAUNGART/ MCDONOUGH 2011a, 64).

Die bisherigen Recyclingansätze dieses Systems beschränken sich in der Regel auf ein Downcycling der Materialien, die durch den Recyclingprozess an Qualität verlieren und nach einem verlängerten Lebenszyklus dennoch auf der Mülldeponie oder in Verbrennungsanlagen entsorgt werden müssen (BRAUNGART ET AL. 2007, 1338). Beispielsweise ist die Verschmelzung unterschiedlicher Reinstoffe zu einem Hybrid üblich, die die ursprüngliche Qualität herabsetzt und die Rohstoffe für ein weiteres Recycling unbrauchbar macht (ebd., 1340). Auf diese Weise gehen in der heutigen Industrie wertvolle reine Rohstoffe wie beispielsweise Eisen, Nickel und Kupfer verloren

– nicht nur durch die Entsorgung, sondern auch durch ein unzureichendes Recycling (BRAUNGART ET AL. 2007, 1338-1340). Ein weiteres Problem besteht darin, dass Produkte nicht für ein nachfolgendes Recycling designed werden, weshalb für den Recyclingprozess zusätzliche schädliche Chemikalien eingesetzt werden müssen und dessen Weiterverarbeitung unweigerlich mit einer sinkenden Qualität einhergeht (ebd., 1340; BRAUNGART/McDONOUGH 2011a, 82). Neben daraus resultierenden ökologischen Nachteilen führt dies im Zweifel auch zu einer erhöhten Kostenbelastung für die Wiederverwertung (BRAUNGART/McDONOUGH 2011a, 83).

Die Toxizität der Produkte stellt ein weiteres Problem des bestehenden Cradle-to-Grave-Ansatzes dar (BRAUNGART ET AL. 2007, 1341). Aufgrund der aktuellen globalen Produktions- und Beschaffungspraxis sind vielfach auch die Unternehmen selbst nicht mit der inhaltlichen Zusammensetzung einzelner Produkte und dessen Wirkungsgrad vertraut. Allgegenwärtige Plastikarten enthalten eine Reihe von Zusatzstoffen, wie beispielsweise mineralische Füllstoffe, Antioxidationsmittel und Flammenschutzmittel, deren Toxizität in Bezug auf Mensch und Umwelt in der Regel unzulänglich bekannt ist (ebd., 1341). Wenn auch die geringen Mengen dieser Chemikalien in einzelnen Produkten keine akuten Krankheitsbilder und Umweltkrisen herbeiführen, so kann eine permanente Konfrontation mit diesen Chemikalien chronische Müdigkeit, Allergien und weitere gesundheitliche oder ökologische Schäden verursachen (ebd., 1341-1342).

Das gegenwärtige lineare Wirtschaftssystem bettet sich laut der Entwickler in ein im westeuropäischen Raum tief verankertes Schädlingsbild des Menschen ein, das jegliche menschliche Interaktion mit der Natur als per se schädlich definiert (BRAUNGART ET AL. 2007, 1340; BRAUNGART/McDONOUGH 2011a, 12). Daraus resultierend nimmt dessen Schutz vor dem Menschen einen hohen Stellenwert ein und mündet in einer gesellschaftlichen Praxis der Regulation und Dezimierung des menschlichen Schädlingseinflusses (BJØRN/HAUSCHILD 2013, 325; BRAUNGART/McDONOUGH 2011a, 12).

Dieses Menschenbild stützt fernerhin den derzeit etabliertesten und am häufigsten angewendeten Nachhaltigkeitsansatz der Industrie: das ökologische Effizienzkonzept, dessen strategisches Ziel die Verkleinerung beziehungsweise im besten Falle Neutralisierung des menschlichen Fußabdruckes ist, indem ein höherer Output bei gleichzeitig minimiertem Input angestrebt wird (McDonough et al. 2003, 435; Braungart et al. 2007, 1337-1340). Die „ökonomische Effizienz" mit der Zielsetzung, die Kosten bei möglichst hohem Absatz zu verringern, stellt jedoch seit jeher ein „Grundmotiv der Industriegesellschaft" (Scherhorn 2008, 21-22) dar, das derzeitige ökologische Krisen erst hervorgerufen hat (ebd.). Den Entwicklern des Cradle-to-Cradle-Konzepts zufolge stellt diese Strategie keinen langfristigen Lösungsansatz für den notwendigen Wandel dar, solange das lineare System an sich – mit seinen inhärenten zerstörerischen Mechanismen des Wachstums, der irreversiblen Ressourcenentsorgung und Toxizitätsproblematiken und des grundlegenden Schädlingsbildes vom Menschen – bestehen bleibt (Braungart et al. 2007, 1337; Braungart/McDonough 2011a, 86-90). Diese Strategie führt zwar zu einem effizienten System und einer Verminderung der davon ausgehenden Gefahren, nicht aber zur Auflösung dessen destruktiver Kraft (Braungart et al. 2007, 1340; Braungart/McDonough 2011a, 86-90). Hinzu kommt die bereits in Kapitel 2.3 diskutierte Problematik des Rebound-Effektes. All dies sollte jedoch nicht zur Folge haben, die Effizienzstrategie vollständig zu diskreditieren. Innerhalb eines positiv eingebetteten Wirtschaftssystems und zur Übergangsstrategie für dessen Einführung kann sie durchaus eine nutzbringende Funktion für eine nachhaltige Entwicklung erfüllen (Braungart/McDonough 2011a, 90).

Ein öko-effektiver Ansatz wie Cradle to Cradle hingegen besitzt laut Braungart und McDonough (2011a, 109-11) das Potenzial, das System im Ganzen zu verändern und über weitreichende Innovationen einen Wandel zu erreichen. Im Gegensatz zum Effizienzansatz zielt Cradle to Cradle nicht auf die Dezimierung des Ressourcenverbrauchs und -verlusts, sondern auf den Erhalt oder die Verbesserung der Ressourcenqualität („Upcycling") (Braungart et al. 2007, 1338). Mithilfe chemischer Synthese und konstruktiven Zerlegungsmechanismen der Produkte können diese in Kreisläufen geführt werden und behalten dabei ihren Ressourcenqualitätsstatus. Mit dem Erhalt der im industriellen System zirkulierenden Rohstoffe entsteht ein effektives System, in dem kein Abfall mehr produziert wird (ebd., 1342). Der dabei entstehende kontinuierliche Materialfluss ermöglicht nicht nur den Erhalt der Rohstoffe, sondern bietet durch die Erstellung eines Informationsnetzwerks zwischen den beteiligten Akteuren und die dadurch fortwährende Wissensakkumulation auch die Basis für ein erfolgreiches Upcycling (BRAUNGART ET AL. 2007, 1347).

Bisher ist es gängige Praxis, Stoffe, deren Toxizität unmittelbar nachgewiesen werden kann, im Nachhinein durch Ersatzstoffe auszutauschen. Dieser „Frei von"-Ansatz resultiert jedoch vielfach in der Verwendung chemischer Inhaltsstoffe gleicher oder schlimmstenfalls höherer Toxizität (BRAUNGART ET AL. 2007, 1342). Das Cradle-to-Cradle-Konzept hingegen umfasst einen Designrahmen für Produkte, in dem nicht die Funktion, sondern die enthaltenen Rohstoffe und ihre toxischen Eigenschaften für Mensch und Umwelt das Design bestimmen (BRAUNGART ET AL. 2007, 1344; BRAUNGART/McDONOUGH 2011a, 136). Schon in der Planung des Designs oder Redesigns eines Produktes werden jegliche Inhaltsstoffe anhand einer chemischen Synthese auf ihre toxischen Eigenschaften und ihr Recyclingpotenzial analysiert, um eine positive Auswahl an Produktbestandteilen zusammenzustellen, die sowohl kreislauffähig ist als auch in ihrer Zirkulation keine gesundheits- oder umweltschädlichen Wirkungen aufweist (BRAUNGART ET AL. 2007, 1344).

Allen Komponenten des Cradle-to-Cradle-Ansatzes liegt ein positives Menschenbild zugrunde, das den Menschen als integrierten Bestandteil der Natur betrachtet. Seine Beziehungen ruhen ebenso wie bei anderen Lebewesen auf beiderseitigem Vorteil und Synergien (BRAUNGART ET AL. 2007, 1342). Mit der Umwandlung menschlicher Stoffströme zu Nährstoffkreisläufen, wie sie in ökologischen Systemen vorkommen, wird auch die tief verankerte Schädlingsansicht des Menschen gegenstandslos (BRAUNGART/ McDONOUGH 2011a, 12; BRAUNGART ET AL. 2007, 1342). Im Gegensatz zur viel diskutierten Wachstums- und Bevölkerungsproblematik sehen die Entwickler von Cradle to Cradle die Ursachen der aktuellen Krisen nicht in der Quantität gesamtgesellschaftlicher Entwicklungen, sondern in deren Qualität. Die Biomasse der Ameisen übersteigt die der Menschheit um ein Vielfaches, dennoch fügt sich ihre Aktivität in die Ökosysteme des Planeten ein und fördert sie, anstatt sie zu zerstören (BRAUNGART ET AL. 2007, 1342). Auf dem Glauben, dass menschliche Aktivitäten ebenso einen Zusatznutzen für die Umwelt darstellen können, basiert auch der Triple-Top-Line-Ansatz des Konzepts (McDonough/Braungart 2002b, 251). Entgegen des in der Nachhaltigkeitsbilanzierung etablierten Triple-Bottom-Line-Ansatzes strebt dieser eine 100 % positive Industrie an, die ökonomische, ökologische und soziale Bedürfnisse in Einklang bringt und über die sonst übliche „zero-emission"-Zielsetzung hinaus Synergieeffekte schafft (Braungart et al. 2007, 1342-1343; McDonough/Braungart 2002b, 251). Der Triple-Bottom-Line-Ansatz konzentriert sich auf die Kontrolle und die Schadensbegrenzung der durch ökonomische Aktivitäten ausgelösten sozialen und ökologischen Schäden, in der Annahme, dass die Neutralisierung der per se destruktiven Systemkonstruktionen des Menschen einer bestmöglichen Zielerreichung entspricht. Der Triple-Top-Line-Ansatz dagegen spricht dem Menschen eine positive Gestaltungsfähigkeit zu, die eine partnerschaftliche Natur-Mensch-Beziehung mit positivem Einfluss ermöglicht (Braungart/McDonough 2011a, 91-112). Die derzeit mit Konsum verbundenen Schuldgefühle könnten laut Braungart und McDonough (2011a, 146) in einem solchen System wegfallen und konträr dazu sogar „eine intelligente Verschwendung" (Braungart/McDonough 2013, 26) ermöglichen.

2.4.2 Prinzipien von Cradle to Cradle

Als Grundlage für einen öko-effektiven Designrahmen haben Braungart und McDonough folgende Cradle-to-Cradle-Prinzipien formuliert:

▶ Nutzung erneuerbarer Energien
▶ Unterstützung der Diversität
▶ Abfall ist Nahrung (EPEA 2015a; McDonough et al. 2003, 436-437).

Das Prinzip **Nutzung erneuerbarer Energien** fordert für den anfallenden Energiebedarf einer kreislaufgeführten Güterproduktion die ausschließliche Nutzung erneuerbarer Energien (z. B. Sonnen-, Wind-, Wasserkraft). Dem Vorbild der natürlichen Energiegewinnung folgend, ist der Aufbau eines effektiven Kreislaufsystems nur dann gegeben, wenn auch die Energiezufuhr durch eine nahezu unbegrenzte und reproduzierbare Quelle gesichert ist und ebenfalls kein Abfall entsteht (McDonough et al. 2003, 436). Aufgrund der derzeit dominierenden fossilen Energiegewinnung und der damit einhergehenden Verknappung an Ressourcen, die nicht mit dem Cradle-to-Cradle-Konzept vereinbar sind, ist auch die Umstrukturierung des heutigen Energieerzeugungssystems Grundlage für den Aufbau eines öko-effektiven Industriesystems (Braungart/McDonough 2011a, 168-175).

Das Prinzip **Unterstützung der Diversität** bezieht sich auf den von Braungart und McDonough als De-Evolution definierten Homogeni-sierungsprozess, der durch universell angelegte Gestaltungsstandards die ökologische und kulturelle Vielfalt dezimiert (Braungart/McDonough 2011a, 53; 154). Für sozioökologische Systeme stellt eine hohe Biodiversitäts-rate jedoch einen essenziellen Bestandteil für dessen Resilienz, die selbstor-ganisierende Anpassungsfähigkeit, dar. Die Stärke eines Systems hängt von den Interaktionen und der spezifischen Zusammensetzung der Biodiver-sität ab, die durch eine produktive Anpassungs- und Weiterentwicklungs-strategie zum Erhalt des Systems beitragen. Die Dezimierung der Vielfalt erhöht die Instabilität des Systems und macht es für Veränderungen und Katastrophen anfälliger (Folke 2006, 257-258). In diesem Sinne zielt das Prinzip auf eine hohe Diversitätsrate ab, um der im Cradle-to-Grave-Sys-tem entstehenden Monotonie entgegenzuwirken. Eine hohe Diversitätsrate kann durch eine möglichst vielfältige Produktions- und Prozessgestaltung erreicht werden (Braungart/McDonough 2011a, 154-155). Da die in dem System ablaufenden Resilienz-Prozesse eng mit den lokalen materiellen und energetischen Gegebenheiten verbunden sind (ebd., 155), sollten sich auch nachhaltige Designlösungen lokal orientieren:

> *„Optimal sustainable design solutions draw information from and ul-timately ‚fit‘ within local natural systems. These solutions express an understanding of ecological relationships and, where possible, enhance the local landscape"* (McDonough et al. 2003, 437).

Das Prinzip **Abfall ist Nahrung** nimmt sich die Öko-Effektivität der Natur zum Vorbild, deren Stoffwechsel in kontinuierlichen Kreisläufen geführt wird und keinen Abfall produziert. Die anfallenden „Abfälle" der Organis-menaktivitäten stellen jeweils Nährstoffe für weitere Organismen des Öko-systems dar, wodurch ein zyklisches Verwertungssystem entsteht, das kei-nen Abfall hervorbringt. Jeder Prozess des Systems kommt dem gesamten System zugute und erhält die Nährstoffkreisläufe aufrecht (ebd., 436).

Ein häufig von den Autoren herangezogenes Beispiel für Öko-Effektivität stellt der Kirschbaum dar. Während der Blütezeit produziert er eine enorme Menge an Blüten, die innerhalb kürzester Zeit verblühen. Im Verhältnis zu der Quantität der Blüten ist deren Reproduktionsrate jedoch relativ gering und mag aus dem Standpunkt des Effizienzansatzes gar „verschwenderisch" erscheinen. Aus der Perspektive der Öko-Effektivität stellen die überzähligen Blüten sowohl während als auch nach ihrer Blüte Nahrung für andere Lebewesen dar, die beispielsweise wiederum die Fruchtbarkeit des Nährbodens des Kirschbaums und anderer Pflanzen selbst darstellen (BRAUNGART ET AL. 2007, 1342). Darüber hinaus erweist der Kirschbaum dem Ökosystem weitere positive Dienste, indem er das CO_2 und die Sonneneinstrahlung senkt, Sauerstoff produziert und die Biodiversität durch den zur Verfügung gestellten Lebensraum erhöht. Bei seinem Absterben stellt er außerdem das Material für den nährstoffreichen Humus und somit für neues Leben bereit (BRAUNGART/MCDONOUGH 2011a, 100-104).

Nach dem Vorbild der Natur lässt sich die Eliminierung des Abfalls aus dem derzeitigen Designprinzip und dessen Umwandlung zu Nährstoffen nur erreichen, wenn es gelingt, die in der Produktion zirkulierenden Stoffe a priori als Nährstoffe für Rohstoffkreisläufe zu konzipieren (BRAUNGART/ MCDONOUGH 2011a, 136). Innerhalb des Cradle-to-Cradle-Konzepts wird dabei zwischen dem biologischen und technischen Kreislauf unterschieden, die im Folgenden erläutert werden.

2.4.3 Der biologische und der technische Metabolismus

Die gegenwärtigen Materialströme, von den Entwicklern des Cradle-to-Cradle-Ansatzes als *Industriemasse* bezeichnet, lassen sich in Biomasse und technische Masse unterteilen. Die Biomasse stellt Nährstoffe für die Biosphäre dar, während die technische Masse aus Nährstoffen industrieller Prozesse, der *Technosphäre*, besteht (BRAUNGART/MCDONOUGH 2011a, 124). Für ein langfristig funktionierendes, geschlossenes Kreislaufsystem dieser beiden Materialflüsse ist die Einhaltung der Reinheit dieser beiden Nährstoffarten von großer Bedeutung (ebd., 136).

Der **biologische Kreislauf** umfasst sowohl natürliche und pflanzlich basierte Materialien, Biopolymere, als auch synthetische Stoffe. Voraussetzung für deren Integration in den biologischen Metabolismus sind eine unbedenkliche Handhabung für Mensch und Umwelt und eine vollständige Kompostierbarkeit für die Rückführung in die Biosphäre (Braungart et al. 2007, 1343). Produkte, die sich aus diesen biologischen Nährstoffen zusammensetzen, werden Konsum- oder Verbrauchsgüter genannt, da sie sich innerhalb der Nutzung verschleißen und „verbrauchen" und nach Gebrauch von Mikroorganismen konsumiert und umgewandelt werden können (ebd., 1343; Braungart/McDonough 2011a, 137). Beispiele hierfür sind Toilettenpapier, Textilien, Schuhsohlen oder auch Bremsbeläge (Braungart et al. 2007, 1343).

Hierbei ist jedoch hervorzuheben, dass aus der Unbedenklichkeit und Kompostierbarkeit keinesfalls nur eine einmalige Nutzung hervorgehen muss. Das Benutzungsszenario kann je nach Recyclingfähigkeit des Materials diverse Wiederverwertungsmöglichkeiten umfassen, bevor es nach dessen Erschöpfung kompostiert wird. Beispielsweise lässt sich die im Papier enthaltene Cellulose für mehrere Verwertungszyklen recyceln. Obwohl jeder Recyclingprozess der Cellulose die Faserlänge verkürzt und somit keine dauerhafte Wiederverwertung ermöglicht, handelt es sich hierbei um einen biologischen Nährstoff des Konsums und nicht um einen technischen Nährstoff (van den Dungen 2012).

Der Begriff **technischer Nährstoff** bezieht sich dagegen auf Kunststoffe, Metalle, Mineralien und weitere Materialen, die in der Biosphäre nicht kontinuierlich reproduziert werden (Braungart/McDonough 2013, 28). Aufgrund ihres begrenzten Vorkommens sollten sie so in Produkten verbaut werden, dass sie sortenrein und in gleicher Qualität endlos im industriellen System (technischer Kreislauf) zirkulieren können. Bei Produkten aus der „Technosphäre" handelt es sich um sogenannte Gebrauchsgüter, die sich im Gegensatz zu biologischen Nährstoffen nicht abnutzen und fortwährend ohne Gefahr für Mensch und Umwelt im technischen Kreislauf zirkulieren können (Braungart/McDonough 2011a, 136). Um die notwendige Rückführung der Nährstoffe in den technischen Kreislauf zu gewährleisten, schlagen die Entwickler die Umstellung auf Produkt-Service-Systeme vor, in denen die Firmen im Besitz ihrer Produkte bleiben und ausschließlich dessen integrierte Dienstleistung an den Kunden verkaufen (Braungart

ET AL. 2007, 1343). In diesem Benutzerszenario erwirbt der Kunde lediglich begrenzte Nutzungsrechte für eine bestimmte Zeit (z. B. 10.000 Stunden TV) oder eine bestimmte Durchführungsanzahl (z. B. 3.000 Waschgänge), statt wie bisher das TV-Gerät oder die Waschmaschine selbst (BRAUNGART ET AL. 2007, 1345; BRAUNGART/MCDONOUGH 2011a, 144). Nach Auslaufen der Dienstleistungsfrist oder dem Bedürfnis nach einer anderen Produktvariante nimmt der Hersteller sein Produkt zurück und ist aufgrund des öko-effektiven Designs in der Lage, die alten Rohstoffe für neue Produktionen zu verwenden (BRAUNGART/MCDONOUGH 2011a, 144). Die Vorteile eines solchen Systems liegen zum einen in dem Aufbau und in der Förderung einer langfristigen engen Kundenbeziehung, zum anderen würde es der Praxis der geplanten Obsoleszenz entgegenwirken (BRAUNGART ET AL. 2007, 1345). Während im jetzigen Besitzmodell des Cradle-to-Grave-Systems billige Produkte mit geplanten Sollbruchstellen den Kunden zum erneuten Kauf zwingen sollen, um so den langfristigen Umsatz zu gewährleisten, liegt das Interesse der Produzenten bei einer Rückführung und Wiederverwertung der verwendeten Rohstoffe in einer höchstmöglichen Qualität des Designs. Es geht darum, langfristige Kundenbeziehungen aufzubauen, den problemlosen Rückbau in neue Produkte zu gewährleisten und die Materialkosten zu senken (ebd., 1345; BRAUNGART/MCDONOUGH 2011a, 147).

Der durch eine öko-effektive Kreislaufführung aufkommende Managementaufwand der Materialströme erfordert ein intelligentes „Material Pooling System" (BRAUNGART ET AL. 2007, 1346), das unter anderem die Entstehung neuer Informations- und Finanzflussnetzwerke und Akteurskollaborationen beinhaltet (ebd.). BRAUNGART ET AL. (2007, 1346) äußern in diesem Zusammenhang die Idee einer Materialbank, die als Eigentümer der in den Kreisläufen zirkulierenden Nährstoffe fungiert und diese an die Produzenten vermietet. Darüber hinaus obliegt ihr die Verwaltung der den Materialien zugeordneten Informationen sowie deren Aktualisierung und das Ermöglichen eines Zugangs für die relevanten Akteure (ebd.). Auf diese Weise ließe sich die bereits in Kapitel 2.4.1 erwähnte Wissensakkumulation bezüglich der ökologischen Intelligenz der Produkte und somit ein qualitatives Upcycling gewährleisten (BRAUNGART 2007, 21; BRAUNGART ET AL. 2007, 1346).

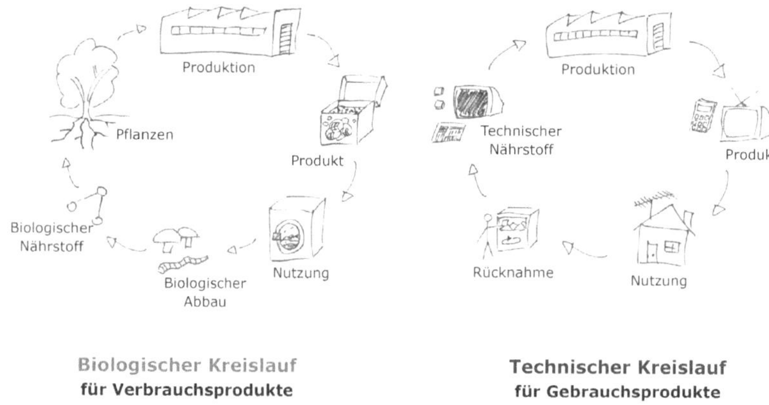

Abb. 2: Der biologische und der technische Metabolismus
Quelle: EPEA 2009

2.4.4 Zertifizierung

In einem durch diese beiden Metabolismen geführten Industriesystem würde eine umfassende Produktqualität ermöglicht werden, die weit über das
bisherige Verständnis und geltende Standards hinausreicht (McDonough/
Braungart 2002b, 251-252). Zur Sicherstellung der Qualitätsstandards
wurde 2005 das Cradle-to-Cradle-Zertifizierungsprogramm der McDonough Braungart Design Chemistry LLC (MBDC) eingeführt, eines der
ersten multiattributiven Labels, die Produkte verschiedener Kategorien erfassen (MBDC 2015). Aufgrund des weltweiten Wachstums des Programms
und der damit verbundenen Notwendigkeit eines unabhängigen Zertifizie-
rungsverfahrens wurden die Cradle-to-Cradle-Zertifizierungsrechte der
eingetragenen Trademark 2010 an die Non-Profit-Organisation Cradle to
Cradle Product Innovation Institute (C2CPII) in Kalifornien übergeben,
die seit 2012 die Zertifizierungsverwaltung übernommen hat (C2CPII 2014;
MBDC 2013, iii; 2). Der Produktstandard unterliegt einer stetigen Weiterentwicklung durch die MBDC und steht seit 2013 in der dritten Version
zur Verfügung (MBDC 2015). Die Zertifikatsvergabe ist in die fünf Zerti-
fizierungslevels Basic, Bronze, Silver, Gold und Platinum unterteilt. Hiermit wird statt eines Kriteriums, das nur zwischen „bestanden" und „nicht

bestanden" unterscheidet, auch eine kontinuierliche Optimierung in den Zertifizierungsprozess mit einbezogen (MBDC 2013, 10). Zertifizierungsgrundlage des Programmes bilden die Kategorien Material Health, Material Reutilization, Renewable Energy, Water Stewardship und Social Fairness (MBDC 2013, 9).

2.4.5 Kritik an Cradle to Cradle

Die Reaktionen auf das Cradle-to-Cradle-Konzept reichen von breiter Zustimmung über Skepsis und Kritik bis hin zu gänzlicher Ablehnung (Bjørn/ Hauschild 2013; Paech 2012; Reay/McCool/Withell 2011). Aufgrund des hohen visionären Anteils des Konzepts wird eine praktische Realisierung häufig in Frage gestellt (Reay et al. 2011, 39; Sung 2015, 32). Während einige Wissenschaftsvertreter einer Umsetzung im kleinen Rahmen eine gewisse Praktikabilität einräumen, argumentieren andere, dass ein solches Modell in der Praxis nicht umsetzbar sei, da es sich unmöglich in die Komplexität realer sozialer und ökologischer Systeme einfügen lasse (Reay et al. 2011, 39; Sung 2015, 32). Bezogen auf den potenziellen Beitrag für eine nachhaltige Entwicklung gehen die Meinungen ebenfalls auseinander. Einige Kritiker bemängeln, dass das Konzept nicht originär genug sei und sehen darin lediglich eine Kombination bereits bestehender Konzepte (Reay et al. 2011, 39). Die ohnehin sehr kontrovers geführte Debatte um ein langfristig tragbares Wachstumsparadigma (siehe Kapitel 2.3) wurde durch Braungarts und McDonoughs (2011a, 146) Ausführung einer im Cradleto-Cradle-System möglichen intelligenten Verschwendung und der damit verbundenen schuldfreien Konsummöglichkeit stark angeheizt (Bjørn/ Hauschild 2013, 329; Braungart/Mcdonough 2013, 26; Paech 2012, 66-67). Das Versprechen eines qualitativen Wachstumsansatzes bei gleichzeitiger Behebung der negativen Auswirkungen des bestehenden Wirtschaftssystems wird sowohl von Fürsprechern als auch Gegnern kritisch gesehen. Die European Environment Agency (EEA) weist darauf hin, dass selbst über erneuerbare Energien angetriebene und zu 100 % geschlossene Kreislaufsysteme nicht ausreichen, um die stetig steigende Nachfrage der EU abzudecken und somit dennoch eine fortwährende Extraktion unberührter Ressourcen erfordere (Bjørn/Hauschild 2013, 329; EEA 2011, 18). In diesem Zusammenhang wird auch eine vollständige Umstrukturierung des Energienutzungssystems bezüglich erneuerbarer Energien als praxisferne Komponente des Konzepts angesehen (BJØRN/HAUSCHILD 2013, 327; PAECH 2012, 62). Des Weiteren sei die Funktionalität eines solchen Systems von bisher nicht absehbaren Volumen recycelfähiger Produkte und Recyclingstrukturen abhängig (BJØRN/HAUSCHILD 2013, 327). Wachstumskritiker hingegen sehen im Cradle-to-Cradle-Konzept ein falsches Heilsversprechen, welches die Auswirkungen fehlgeleiteter Modernisierungsprozesse durch weitere zu beheben versucht, ohne das derzeitig vorherrschende Wachstumsparadigma und die damit verbundenen kulturellen Lebensstile und Bedarfe zu hinterfragen (PAECH 2012, 33; 53-56). Das Konzept fokussiere lediglich technische und organisatorische Anpassungsdefizite und degradiere „Konsumenten zu passiven Statisten ohne eigene Verantwortung" (ebd., 63), denen „unbequeme Lernprozesse oder Bedarfsreflexionen erspart bleiben" (ebd., 63) sollen.

Daran anschließend führen Wissenschaftler an, dass endlos zirkulierende Stoffströme weder das Problem der mit Konsumpraktiken einhergehenden materiellen Überfüllung lösen noch als unschädlich deklariert werden können (PAECH 2012, 63; REIJNDERS 2008, 1138). Um den im Konzept dargestellten positiven Nährstoffeintrag eines öko-effektiven Systems auf industrielle Stoffströme zu übertragen, müsse vorab definiert werden, was positiv in diesem Zusammenhang konkret bedeutet (REAY ET AL. 2011, 39). Die hierfür notwendige Einschätzung des potenziellen Einflusses zirkulierender biologischer Nährstoffe der Industrie sei zum einen mittels existierender Mess- sowie Forschungsverfahren nicht zu leisten und zum anderen durch die Komplexität sozioökologischer Systeme erschwert (ebd., 39-42). REIJNDERS (2008, 1138-1140) warnt vor einem immanent-positiv geprägten Verständnis biologischer Nährstoffe und verweist auf mögliche ökologische Effekte erhöhter Nährstoffeinträge in komplex-interdependenten Ökosystemen. Es stellt sich die Frage, wie die in beträchtlichen Mengen aufkommenden Nährstoffe in einem Cradle-to-Cradle-System gehandhabt werden können, ohne das ökologische Gleichgewicht zu zerstören (REAY ET AL. 2011, 39-40; REIJNDERS 2008, 1140). Nährstoffeinträge in naturwidrigem Umfang, beispielsweise durch erhöhte Stickstoffzuführung, könnten Prozesse der Eutrophierung begünstigen und zu Biodiversitätsverlusten, Ernteertragsrückgängen und einem Anstieg an wasserbedingten Krankheitsfällen führen (REIJNDERS 2008, 1139). Ferner sei auch die durch eine intensivierte Nutzung von Biotreibstoffen und die Toxizität pflanzlicher Biomasse ausgelöste Auswirkung auf den Klimawandel nicht abschätzbar (ebd., 1139-1140). Hinsichtlich einer Kreislaufführung technischer Nährstoffe bemängeln Kritiker, dass sowohl physikalisch bedingte, verbleibende Stoffunreinheiten als auch die durch Verschleißprozesse ausgelösten Qualitäts- und Quantitätsverluste außer Acht gelassen würden (BJØRN/HAUSCHILD 2013, 327-328; REAY ET AL. 2011, 40).

2.4.6 Cradle to Cradle – eine potenzielle Nachhaltigkeitsinnovation?

Im Hinblick auf die in Kapitel 2.4.5 dargestellte Kritik und den ambivalenten Charakter von Innovationsprozessen (siehe Kapitel 2.2 und 2.3) stellt sich die Frage, ob die Implementierung des Cradle-to-Cradle-Konzepts einen Beitrag zu einer nachhaltigen Entwicklung leisten könnte und der Ansatz somit als potenzielle Nachhaltigkeitsinnovation einzustufen ist. Bei der Analyse des Nachhaltigkeitspotenzials von Innovationen steht vor allem die Frage im Vordergrund, „ob sie im Zuge ihrer Realisierung und Diffusion einen tatsächlichen Nachhaltigkeitsbeitrag leisten" (FICHTER 2010, 183).

Betrachtet man die Bestandteile der bei der Rio+20-Konferenz erarbeiteten Wirtschaftsform Green Economy als Lösungsansatz für ein langfristig tragfähiges Wirtschaftssystem (FICHTER/CLAUSEN 2013, 25-26), wird deutlich, dass eine Cradle-to-Cradle-Implementierung einen nicht unerheblichen Beitrag zu dessen Umsetzung leisten könnte. Eine nach den Cradle-to-Cradle-Prinzipien umgestaltete Designpraxis, bei der die in der Produktion zirkulierenden Stoffe a priori als Nährstoffe für den biologischen und technischen Rohstoffkreislauf konzipiert werden, könnte einen entscheidenden Beitrag zur Entwicklung einer abfallfreien Kreislaufwirtschaft darstellen, die im Einklang mit ihrer Umwelt steht (BRAUNGART/MCDONOUGH 2011a, 136; FICHTER/CLAUSEN 2013, 25-26). Der im Konzept integrierte Qualitätsstandard, der die unbedenkliche Handhabung der verwendeten Produktionsstoffe für Mensch und Umwelt voraussetzt, stellt ein wichtiges Element für die Substitution toxischer Chemikalien in industriellen Produktionsprozessen und für die damit verbundene Veränderung der Chemiepolitik dar. Diese beiden Entwicklungen gelten als Schlüsselstrategien im vorsorgenden Umweltschutz (AHRENS ET AL. 2003, 91; BRAUNGART ET AL. 2007, 1543). Um einen nachhaltigen Effekt von Substitutionsprozessen durchzusetzen, wäre es laut AHRENS ET AL. (2003, 93) notwendig, das Eigeninteresse der wirtschaftlichen Akteure an Substitution zu wecken. Zudem wäre ein Anstieg der ökonomischen Attraktivität der dafür notwendigen Entwicklungsprozesse und ihrer Resultate förderlich (ebd.). Ein nach Cradle-to-Cradle-Prinzipien funktionierendes Wirtschaftssystem birgt diese Möglichkeit. Die Wahrscheinlichkeit eigens initiierter, von staatlichen Interventionen unabhängiger Innovationsprozesse in Unternehmen könnte hierdurch gesteigert werden. Bei einer gänzlichen Umsetzung aller Cradle-to-Cradle-Prinzipien stellt die Umsetzung des Konzepts überdies einen starken Impuls zur Etablierung eines ausschließlich auf erneuerbaren Ressourcen basierenden Energienutzungssystems dar (BRAUNGART/MCDONOUGH 2011a, 168-175).

Die notwendige Entwicklung nachhaltiger Geschäftsmodelle ist, wie bereits in Kapitel 2.3 angeführt, nur bei gleichzeitiger Entkopplung von Wachstum und Naturverbrauch umsetzbar (LUKS 2005, 41; WEHRSPAUN/ SCHACK 2013, 25; KONRAD/NILL 2001, 3). SCHERHORN (2008, 26) sieht in dem öko-effektiven Ansatz des Cradle-to-Cradle-Konzepts (siehe Kapitel 2.4.1) ein dafür „unentbehrliches Konzept" (ebd.). Die bisher vorwiegend verfolgte Effizienzstrategie der nachhaltigen Entwicklung stellt aufgrund ihrer Nähe zum ökonomischen Effizienzprinzip als Ursache der ökologischen Krise und häufig damit korrelierender Reboundeffekte für sich genommen keine erfolgreiche Nachhaltigkeitsstrategie dar (siehe Kapitel 2.3) (BJØRN/ HAUSCHILD 2013, 321; HABERL ET AL. 2011, 8-9; SCHERHORN 2008, 2; 21). Kurzfristig kann weder mit einem „durchschlagenden Verzichtsverhalten der europäischen und nordamerikanischen Konsumenten [...], noch mit duldsamer Anspruchslosigkeit" (RYDZY/GRIEFAHN 2014, 126) der Entwicklungs- und Schwellenländer gerechnet werden (ebd.). Und selbst im Falle umfassender Verzichtserklärungen bleibt ein Mindestkonsumbedarf bestehen (BRAUNGART ET AL. 2007, 1340). Folglich besteht auch jenseits der Diskussion um Wachstumsparadigmen und Konsumbedarfe die Notwendigkeit zur Entwicklung eines sozial und ökologisch tragfähigen Produktionssystems (RYDZY/GRIEFAHN 2014, 126). Im Falle der erfolgreichen Umsetzung eines solchen Systems könnte die Effizienzstrategie jedoch durchaus eine komplementäre Strategie zur Entkopplung von Wachstum und Ressourcenverbrauch darstellen (BRAUNGART/MCDONOUGH 2011a, 90).

Auch wenn die Einführung eines kreislauffähigen und schadstofffreien Produktionssystems in Verbindung mit Effizienzbemühungen durchaus einen wichtigen Beitrag für eine nachhaltige Entwicklung leisten könnte, sind für einen grundlegenden Strukturwandel ebenso maßgebliche Veränderungen der Wirtschafts-, Politik- und Institutionenordnung sowie kultureller Werte und Praktiken vonnöten (EMIG 2013, 7; MARKARD ET AL. 2012, 956; SCHNEIDEWIND 2013, 7; VOß ET AL. 2005, 178). Im Gegensatz zu vielen anderen Lösungsstrategien umfasst das Cradle-to-Cradle-Konzept neben technischen Innovationsmerkmalen einer Produktions- und Prozessinnovation auch soziale Innovationsansätze und besitzt somit das Potenzial, über eine „zielgerichtete Neukonfiguration sozialer Praktiken" (HOWALDT/SCHWARZ 2010, 89, Hervorhebung verändert) und folglich der gesellschaftlichen Software in einem umfangreichen Maß zu der angestrebten „grünen Transformation" beizutragen (KAGAN 2012, 11; SCHNEIDEWIND 2013, 7). Beispielsweise könnte das von BRAUNGART und MCDONOUGH vorgestellte Modell des Produkt-Service-Systems (siehe Kapitel 2.4.3) zu einer Ablösung des Besitzparadigmas führen und durch die Einführung von Leasing-Praktiken ersetzt werden. Eine damit einhergehende Modifikation der Konsumkultur, der Produzenten-Konsumentenbeziehung und die Entstehung neuer Geschäftsmodelle könnten somit einen wichtigen Beitrag dazu leisten, die Forderung zum Übergang von Besitz- zu Nutzungssystemen als einen wichtigen Aspekt derzeitiger nachhaltigkeitspolitischer Zielsetzung durchzusetzen (EMIG 2013, 8). Ferner bewirkt die Integration eines kreislauffähigen Wirtschaftssystems nicht nur eine Veränderung der oben stehenden Akteursbeziehung und die Einführung von Dienstleistungssystemen, sondern impliziert darüber hinaus die Formierung neuer Akteurskonstellationen und Institutionen zur Erstellung des intelligenten „Material Pooling System[s]" (BRAUNGART ET AL. 2007, 1346). Solche in der chemischen Industrie bisher gering ausgeprägten Kollaborationen werden von AHRENS ET AL. (2003, 108-110) insbesondere im Hinblick auf die erfolgreiche Umsetzung von Substitutionsprozessen toxischer Chemikalien in der Industrie und einer neuen Chemiepolitik als förderlich eingestuft.

Ein weiteres Kriterium zur Gestaltung positiver Nachhaltigkeitseffekte sowie für den Aufbau nachhaltiger Entwicklungsmuster ist eine simultane Abschaffung nicht-nachhaltiger Strukturen (siehe Kapitel 2.3; FICHTER/CLAUSEN 2013, 38; PAECH 2012, 28). Diesen als Exnovation bezeichneten Veränderungsmodus vermögen insbesondere radikale Innovationen herbeizuführen (FICHTER 2010, 197; PAECH 2012, 34; WEHRSPAUN/SCHACK 2013, 26; VOß ET AL. 2005, 179), zu denen sich auch das Cradle-to-Cradle-Konzept zählen lässt. Der öko-effektive Ansatz eines kreislauffähigen Produktionssystems unterscheidet sich in hohem Maße von derzeitigen industriellen Praktiken (siehe Kapitel 2.4.1) und weist somit einen hohen Innovationsgrad auf. Überdies fügt er sich nicht in die bestehenden Strukturen des Industriesystems und damit verbundener Konsummuster ein, sondern zielt auf eine Abschaffung des derzeitig verankerten linearen Cradle-to-Grave-Systems (siehe Kapitel 2.4.1) (BRAUNGART/MCDONOUGH 2011a, 136). Sollte der Aufbruch dieser Strukturen beziehungsweise dessen Zerstörung gelingen, würden sich völlig neue Entwicklungspfade auftun, die im Sinne SCHUMPETERS schöpferische Potenziale zur Erreichung der Nachhaltigkeitsziele darstellen könnten (FICHTER 2010, 197; PAECH 2012, 34; SCHUMPETER 1980, 134-142; WEHRSPAUN/SCHACK 2013, 26; VOß ET AL. 2005, 179).

Vor dem Hintergrund der vorangegangenen Darstellungen lässt sich festhalten, dass das Cradle-to-Cradle-Konzept durchaus als potenzielle Nachhaltigkeitsinnovation einzuordnen ist. Neben dem Beitrag, den dieser Ansatz zur Umsetzung einer Green Economy und damit unter Umständen zum „Erhalt kritischer Naturgüter und zu global und langfristig übertragbaren Wirtschafts- und Konsumstilen" (FICHTER/CLAUSEN 2013, 38) leisten kann, versprechen insbesondere die begleitende Einführung eines Produkt-Service-Systems und die Herausforderung feststehender Paradigmen (Effizienz, Besitz und Abfall), bestehende Systemprobleme durch einen daraus resultierenden Wertewandel an den Wurzeln zu packen. Insbesondere durch die Kombination der im Konzept integrierten Innovationsarten (technische, geschäftsbezogene, institutionelle, soziale, radikale) kann dieser Ansatz nicht als rein technisch fokussiertes Produktdesignkonzept verstanden werden, sondern stellt darüber hinaus eine umfassende sozial-politische Neuerung dar. Diese wird von BRAUNGART und MCDONOUGH (2013, 35) zurecht als potenzieller Hebel für einen tiefgreifenden Wandel der Gesellschaft eingestuft. Hierbei ist jedoch hervorzuheben, dass das Cradle-to-Cradle-Konzept keinesfalls als Allheilmittel aufgefasst werden sollte, das den Anspruch erhebt, einen allumfassenden Lösungsansatz für sämtliche vorliegende Problematiken des Nachhaltigkeitsdiskurses zu bieten. Eine grundlegende Modifikation des Wachstumsparadigmas kann beispielsweise durchaus einen komplementären Beitrag zur Entkopplung von Wachstum und Wohlstand leisten (GRIEFAHN/RYDZY 2013, 217-273).

Trotz des inhärenten Potenzials bleibt der – sämtlichen Innovationsprozessen unterliegende – ambivalente Charakter aufgrund eingeschränkter Planungs- und Steuerungsmöglichkeiten bestehen. Er lässt keine definitiven Prognosen zu den langfristigen Auswirkungen einer Cradle-to-Cradle-Implementierung zu (PAECH 2012, 33). Dennoch sollten die mit Innovationsprozessen unweigerlich verbundenen „unwiderlegbarer[en] Hinweis[e] auf Unsicherheit und ‚Nicht-Wissen‘" (AHRENS ET AL. 2003, 107) nicht zur vollständigen Diskreditierung des Konzepts führen. Selbst Kritiker räumen dem Ansatz nutzbringende Aspekte für eine nachhaltige Entwicklung ein (REAY ET AL. 2011, 38). Darüber hinaus bildet ein Beharren auf bestehenden Wirtschafts- und Konsumpraktiken keine Grundlage für eine langfristige tragfähige nachhaltige Gesellschaft, wodurch Innovation an sich unumgänglich wird (FICHTER 2010, 181; KONRAD/NILL 2001, 3). Aufgrund der Ambivalenz jedweder Innovationsprozesse besteht eine Transformation zu einem nachhaltigen Gesellschaftsmodell zwangsläufig aus

> *„zukunfts-bezogene[n], gesellschaftliche[n] Lern-, Such- und Gestaltungsprozess[en], welche ‚durch weitergehendes Unwissen, Unsicherheit und vielfältige Konflikte gekennzeichnet‘" (SCHWARZ ET AL. 2010, 177)*

sind. Die Erfolgschancen einer nachhaltigen Entwicklung hängen dementsprechend maßgeblich von dem Mut ab, vor allem radikale Nachhaltigkeitsinnovationen zu entwickeln, zu etablieren und zu erproben (FICHTER 2010, 181-197; WEHRSPAUN/SCHACK 2013, 26).

2.4.7 Diffusion des Cradle-to-Cradle-Konzepts

Die Annahme und Verbreitung einer Nachhaltigkeitsinnovation kann schon allein ihres stark wertebasierenden Bezugsrahmens wegen von Land zu Land stark differieren (BLÄTTEL-MINK 2013, 153). Nachhaltigkeits- und Innovationsorientierung sind sowohl international als auch innerhalb nationaler Gesellschaften sehr unterschiedlich ausgeprägt, wodurch auch der den Innovationen entgegengebrachte Widerstand recht unterschiedlich ausfällt (ebd., 153). Dies spiegelt sich auch in der bisherigen Verbreitung des Cradle-to-Cradle-Konzepts wider. In Österreich, Israel, Dänemark, Taiwan, Wales, Südafrika, den USA und den Niederlanden entwickeln sich bereits lebendige Cradle-to-Cradle-Gemeinschaften und Anwendungsansätze (BRAUNGART/McDONOUGH 2011b, 7-11). Die bisher größte Anerkennung und weiteste Umsetzung hat das Konzept in den Niederlanden erfahren. Dies ist laut Entwicklern vor allem mit einer förderlichen Kultur der Unterstützung und einer partnerschaftlichen statt romantisierenden Beziehung zur Natur zu erklären (ebd., 10; 11). Auch in den vorwiegend vom Kreislaufdenken geprägten Kulturen Asiens werden im Gegensatz zum Westen hohe Umsetzungswahrscheinlichkeiten gesehen (ebd., 11). In Deutschland hingegen entsteht bisher trotz punktueller Umsetzung noch keine vergleichbare Bewegung (ebd., 14; 63). Deutschland ist als das Land einzustufen, „das womöglich die schlechtesten Voraussetzungen für die Umsetzungen […] der Ideen mitbringt" (ebd., 63). Diese im internationalen Vergleich verhaltene Reaktion zum Cradle-to-Cradle-Konzept spiegelt sich auch in der deutschen Medienberichterstattung wider (BELLER 2012; ELLWANGER 2012; HAMM 2012; POPRAWA 2012; UNFRIED 2009). Hier überwiege die Skepsis gegenüber der Praktikabilität des Konzepts. Konservatives Denken begünstige eine Cradle-to-Grave-Wirtschaft, wodurch die Integration des Konzepts in innovationspolitischen Fragen bezüglich nachhaltiger Produktions- und Konsumstile bisher überwiegend ausgeschlossen sei (FERDINAND 2011, 12; HAMM 2012; POPRAWA 2012; UNFRIED 2009). Wie kommt diese Wahrnehmung zustande und warum verläuft die Diffusion des Cradle-to-Cradle-Konzepts in Deutschland im Gegensatz zu anderen Ländern so unterschiedlich? Um dies erklären zu können, müssen die verschiedenen auf einen Diffusionsprozess einwirkenden Einflussfaktoren angeschaut werden.

2.5 Diffusionstheorie

Die Diffusionstheorie untersucht den raum-zeitlichen Verbreitungsprozess, den eine Innovation durch ihre zunehmende Adoption in einem sozialen System durchläuft (KARNOWSKI 2013, 513; KÖNIGSTORFER 2008, 20; WINDHORST 1983, 4). Unter Adoption wird hierbei die „Entscheidung zur vollständigen Annahme und Anwendung einer Innovation durch ein Individuum" (WINDHORST 1983, 4) verstanden. Die Ursprünge der Diffusionsforschung sind in der Agrarsoziologie zu finden, die nach 1945 zunehmend Eingang in weitere Disziplinen wie zum Beispiel die Geographie oder die Medizinsoziologie fand (HENSEL/WIRSAM 2008, 27; WINDHORST 1983, 1). Die bisher prägendste Arbeit der Diffusionstheorie stellt das 1962 veröffentlichte Hauptwerk „Diffusion of Innovations" von EVERETT M. ROGERS dar, in welchem er anhand der systematischen Integration bis dato erzielter Forschungsergebnisse diverser Disziplinen erstmals eine übergreifende Diffusionstheorie zusammenstellte und im Laufe seines Lebens aktualisierte und erweiterte (FICHTER/CLAUSEN 2013, 43; HENSEL/WIRSAM 2008, 20; KARNOWSKI 2011, 12; ROGERS 2003). Bis heute gilt sein Werk als Grundlagenwerk der Diffusionstheorie (FICHTER/CLAUSEN 2013, 43; KARNOWSKI 2011, 84). Nach der Begriffsbestimmung von ROGERS (2003, 11) ist Diffusion als „process by which (1) an *innovation* (2) is *communicated* through certain *channels* (3) *over time* (4) among members of a *social system*" zu verstehen. Darüber hinaus sieht ROGERS im Diffusionsprozess einen Mechanismus des sozialen Wandels, über den Strukturen und Funktionen von Gesellschaften verändert werden (ROGERS 2003, 6).

Um diese Form sozialer Prozesse erklären zu können, ist es notwendig, deren Ursprung auf der Mikroebene, dem Individuum, zu integrieren, um daraus resultierende, kumulierte Entscheidungsprozesse der Gesellschaft, der Makroebene, verstehen zu können (LANGERT 2007, 6). Ein wichtiger Teilaspekt der Diffusion ist demnach der Adoptionsprozess, der sich auf der individuellen Ebene der potenziellen Adoptoren der Innovation vollzieht (HENSEL/WIRSAM 2008, 27). In dieser Arbeit wird davon ausgegangen, dass sich die Adoption der Innovation Cradle to Cradle im Hinblick auf den Konsumenten in einem wiederholten Einkauf nach einer ersten

Erprobung manifestiert. Bezüglich der Adoption eines Unternehmens gilt dies bei einer endgültigen Integrierung des Konzepts in die gelebte Wirtschaftspraxis nach Ablauf der Testphase. In politischer Hinsicht wird davon ausgegangen, dass eine Adoption dann stattgefunden hat, wenn Maßnahmen zu ihrer Förderung ergriffen wurden. Der Einfluss diverser Adoptionsfaktoren auf den Adoptionsprozess, den ein Individuum von dem „ersten Gewahrwerden einer Information über eine Innovation bis zur endgültigen Adoptionsentscheidung durchläuft" (WEIBER 1992, 3), stellt den Untersuchungsgegenstand der Adoptionstheorie dar (GARCZORZ 2004, 53). Kumulierte Adoptionsentscheidungen legen die Diffusion einer Innovation in einem sozialen System (in der Makroebene) fest und somit den Grad des damit einhergehenden sozialen Wandels (HENSEL/WIRSAM 2008, 27). Somit bilden die Erkenntnisse der Adoptionstheorie die Grundlage für die Diffusionstheorie, wodurch eine enge Verzahnung der beiden Theorien besteht. Aus diesem Grund wird der Begriff „Diffusionstheorie" häufig auch einheitlich für beide Theorien verwendet (WEBER 2010, 77-78). Um die Einflussfaktoren auf die Cradle-to-Cradle-Adoption und ihre Zusammenhänge untereinander herauszukristallisieren, werden im Rahmen dieser Arbeit sowohl Faktoren der Mirko- als auch der Makroebene in die Betrachtung mit einbezogen.

Zur Erforschung von differierenden Adoptionsgeschwindigkeiten und Diffusionsgraden der Innovationsprozesse nutzt ROGERS diverse Aspekte, welche im anschließenden Kapitel vorgestellt werden. Abschließend werden die Kritikpunkte an der Diffusionstheorie von ROGERS dargelegt und eine für die Untersuchung notwendige Erweiterung der Adoptionsfaktoren mittels weiterer umweltspezifischer Faktoren sowie der Erkenntnisse von CLAUSEN und FICHTER (2013) vollzogen.

2.5.1 Beschaffenheit der Innovation

Wie bereits in Kapitel 2.2 beschrieben, definiert ROGERS Innovation als „any idea, practice or object perceived as new by an individual or another unit of adoption" (ROGERS/SHOEMAKER 1971, 19). Die der Innovation vom Individuum zugesprochenen produktspezifischen Eigenschaften sind ein wichtiger Erklärungsansatz für differierende Adoptionsgeschwindigkeiten (ROGERS 2003, 221).

Der **relative Vorteil** einer Innovation bezieht sich auf dessen wahrgenommene profitable Zweckmäßigkeit gegenüber bisherigen Angeboten (ROGERS 2003, 15). Hierbei steht nicht die objektive Vorteilhaftigkeit im Vordergrund, sondern allein die subjektive Einschätzung des Individuums. Diese kann sich beispielsweise auf ökonomische Vorteile oder sozialen Prestigegewinn beziehen (ebd., 15; 229). Je größer der relative Vorteil eingeschätzt wird, desto schneller ist die Adoptionsgeschwindigkeit einer Innovation, wodurch die Kommunikation innovationstypischer Vorteile einen besonders wichtigen Bestandteil des Adoptionsprozesses einnimmt (ebd., 15; 233). Dementsprechend langsam zeichnet sich die Adoptionsrate von präventiven Innovationen ab, deren Adoption auf die Wahrscheinlichkeitssenkung einer unerwünschten zukünftigen Entwicklung abzielt und deren relative Vorteile somit ebenfalls in der Zukunft zu verorten sind (ebd., 234). Über Mandate, Anreize und Subventionen besitzt ein System die Möglichkeit, Einfluss auf die Wahrnehmung des Innovationsvorteils zu nehmen und die Innovation voranzutreiben (ebd., 240).

Eine weitere Eigenschaft ist die **Kompatibilität** mit vorherrschenden Normen und Werten, bisherigen Praktiken und Bedürfnissen der potenziellen Adoptoren des sozialen Systems (ROGERS 2003, 15; 240). Im Falle einer Inkompatibilität einer Innovation mit dominierenden kulturellen Werten ist eine vorausgehende Modifikation des Wertesystems Voraussetzung für eine erfolgreiche Adoption und verlangsamt den Adoptionsprozess erheblich (ebd., 15). Kommt es zu einem Beharren auf bestehende gesellschaftliche Strukturen, kann die Inkompatibilität die Adoption hemmen oder sogar verhindern (ebd., 241). Auch wenn eine hohe Kompatibilität den Adoptionsprozess erleichtern kann, hat sie gleichzeitig auch einen verhältnismäßig geringen Modifikationsgrad zur Folge – ganz im Gegensatz zu inkompatiblen Innovationen (ebd., 243-245).

Der Grad der Verständlich- und Anwendbarkeit für die Adoptoren bestimmt die **Komplexität** einer Innovation, welche unterschiedlich hoch ausfallen kann (ROGERS 2003, 16). Während einige Innovationen in einem sozialen System selbsterklärend sind, lassen sich Bedeutung und Vorteile anderer Innovation nur schwer von potenziellen Adoptoren erschließen. Obwohl die Komplexität einer Innovation von ROGERS nicht als ausschlaggebende Variable für den Adoptionsprozess eingeschätzt wird, korreliert sie dennoch negativ mit der Adoptionsgeschwindigkeit und kann ein ernst zu nehmendes Hemmnis darstellen (ROGERS 2003, 257).

Eine weitere relevante Eigenschaft einer Innovation stellt die **Erprobbarkeit**, die Möglichkeit, eine Innovation im eingeschränkten Rahmen auszuprobieren, dar (ROGERS 2003, 16). Eine Probeanwendung verringert die Unsicherheit bezüglich einer Innovation und vermittelt Informationen über ihre direkten Vorteile im Anwendungsfall (ebd., 16; 258). Einen bedeutenden Unsicherheitsfaktor stellen beispielsweise die unvorhersehbaren Konsequenzen dar, deren Wahrscheinlichkeit mit ansteigender Komplexität zunimmt (ebd., 436; 448). Ein verantwortlicher Innovator sollte sich der ambivalenten Innovationswirkung bewusst sein und mögliche Konsequenzen abwägen (ebd., 436). Je einfacher die Erprobbarkeit und Minimierung der Unsicherheiten einer Innovation, desto höher ist die Wahrscheinlichkeit einer schnellen Adoptionsrate (ebd., 16).

Die **Wahrnehmbarkeit** einer Innovation wird durch ihre Sichtbarkeit für andere potenzielle Anwender in einem sozialen System bestimmt (ROGERS 2003, 16). Während einige Innovationen offensichtlich und selbsterklärend sind und somit tendenziell schneller und über diverse Kommunikationswege verbreitet werden, beschränken sich andere vorwiegend auf spezielle Bereiche, in denen sie präsent und verständlich sind (ebd., 16; 258).

Insbesondere den Eigenschaften relativer Vorteil und Kompatibilität weist ROGERS eine besonders ausschlaggebende Rolle im Adoptionsprozess zu (ROGERS 2003, 17). Darüber hinaus ist zu beachten, dass die hier erwähnten Eigenschaften variabel sind, sich also während des Adoptionsprozesses verändern können (ebd., 230).

2.5.2 Kommunikationskanäle

Kommunikation wird nach ROGERS als „the process by which participants create and share information with one another in order to reach a mutual understanding" (ROGERS 2003, 18) definiert und hat einen entscheidenden Einfluss auf die Verbreitung einer Innovation. Die Diffusion ist als spezielle

Form der Kommunikation einzuordnen, deren Inhalt sich auf die Innovation selbst bezieht. Die Kommunikationsmittel für den Informationsaustausch bezeichnet ROGERS als Kommunikationskanäle, die aufgrund ihrer Differenz unterschiedliche Wirkung und Effektivität im Diffusionsprozess erzielen können (ROGERS 2003, 18).

Die Verbreitung über ein Massenmedium (z. B. Radio, Fernseher, Printmedien, Internet) ermöglicht die Übermittlung von Informationen einiger weniger Individuen an einen großen Rezipientenkreis und stellt somit eine binnen kurzer Zeit erreichbare sowie sehr effiziente Form der Nachrichtenübertragung dar. Dieser Kommunikationskanal vermag es, die Aufmerksamkeit für die Innovation zu erhöhen und Wissen zu vermitteln. Gleichzeitig hat diese Form von Kommunikation in der Regel wenig Potenzial, verankerte Grundeinstellungen und Verhaltensmuster zu modifizieren. Um eine Modifikation konträrer Weltansichten und Lebensstile bis hin zu Widerstand gegenüber der Innovation zu erzielen, eignen sich vorwiegend interpersonelle Kommunikationskanäle (ROGERS 2003, 18). Der persönliche Austausch zweier oder mehrerer Individuen ermöglicht eine detaillierte und verständlichere Erklärung, bietet zusätzliche Informationen und besitzt im Gegensatz zu den Massenmedien das Potenzial, auch tief liegende Überzeugungen aufzuweichen oder zu verändern (ebd., 205). Er stellt demnach eine in Bezug auf seine Überzeugungskraft weitaus effektivere Art der Kommunikation dar und ist speziell für die Überzeugung von späten Adoptoren und Nachzüglern relevant (ebd., 18; 205). Darüber hinaus weisen Forschungsergebnisse darauf hin, dass die große Mehrheit potenzieller Adoptoren eine Innovation nur zu geringen Teilen anhand wissenschaftlicher Studien beurteilt. Sie werden überwiegend über subjektive Einschätzungen von Adoptoren und Individuen des gleichen Milieus bewertet. Diese Schwerpunktsetzung auf individuelle Meinungskommunikation verdeutlicht die hohe Relevanz interpersoneller Kommunikationsbeziehungen im Diffusionsprozess. Die Diffusion wird dementsprechend von ROGERS vorwiegend als sozialer Prozess eingestuft (ebd., 18-19).

Die Effektivität eines interpersonellen Kommunikationsprozesses ist wiederum vom Grad der Ähnlichkeiten bezüglich Wertevorstellung, sozioökonomischem Status und Bildungsniveau der Akteure abhängig. Weisen die interagierenden Individuen einen hohen Übereinstimmungsrad bezüglich dieser Charakteristika auf – auch Homophilie genannt –, ist die Wahrscheinlichkeit einer effektiven Informationsvermittlung und Meinungsgestaltung sehr hoch (ROGERS 2003, 19). Ein hoher Grad an differierenden Charakteristika – Heterophillie – hingegen erschwert die Kommunikation und birgt ein hohes Risiko, Wertekonflikte oder Missverständnisse zu generieren, die die erfolgreiche Verbreitung der Innovation hemmen (ebd., 19; 306). Dennoch stellen heterophile Kommunikationsmuster eine notwendige Grundlage für den Diffusionsprozess dar (ebd., 306). Homophile Diffusionsmuster weisen zwar eine höhere Übermittlungseffektivität auf, können jedoch beim Ausbleiben heterophiler Kommunikation ebenso als Innovationsbarriere wirken, da der Informationsfluss in der jeweiligen Peergroup stecken bleibt und somit die breitflächige Verbreitung in anderen Netzwerken blockiert (ebd., 307). Heterophile Kommunikationsmuster sind demnach aufgrund ihrer brückenbildenden Funktion zwischen verschiedenen Netzwerken besonders ausschlaggebend für die Innovationsdiffusion (ebd., 306). Ferner setzen sich die beteiligten Akteure eines Diffusionsprozesses in der Regel aus heterophilen Netzwerken zusammen. Die Bedeutung einer solchen Kommunikation darf folglich nicht unterschätzt werden (ebd., 19; 306-307).

2.5.3 Zeit

Ein weiteres Element der Diffusionstheorie stellt die Zeitdimension einer Innovation dar, welche sich nach ROGERS aus dem individuellen Innovationsentscheidungsprozess, der Innovativität eines Individuums im Vergleich zu der anderer Systemmitglieder und der Adoptionsrate einer Innovation zusammensetzt (ROGERS 2003, 20).

Der Innovationsentscheidungsprozess umfasst die Informationssuche und -verarbeitung eines Individuums, welche dazu dienen, die Unsicherheiten bezüglich einer Innovation zu verringern, und entweder in eine Annahme- oder Ablehnungsentscheidung münden (ROGERS 2003, 20-21). Dieser Adoptionsprozess lässt sich in fünf Phasen unterteilen (siehe Abb. 3).

Als einen dem Prozess übergeordneten Einflussfaktor sieht ROGERS das soziale System, in dem das jeweilige Individuum eingebettet ist (ROGERS

2003, 170). Die Innovationsentscheidungen aller Individuen werden demnach in Bezug zu vorherrschenden Normen und Werten, bestehenden sozialen Praktiken, der Innovativität und wahrgenommenen Problemen und Bedürfnissen des Systems getroffen (ROGERS 2003, 170; FICHTER/CLAUSEN 2013, 49). Inwieweit ein potenzieller Adopter in der ersten Phase des Prozesses Innovationsinformationen ausgesetzt wird oder diese aktiv einholt, ist stark von **persönlichen, sozioökonomischen** und **kommunikativen Charakteristiken** abhängig, während in der zweiten Phase der Meinungsbildung die bereits in Kapitel 2.5.1 vorgestellten Beschaffenheitskriterien eine große Rolle spielen. Die in Kapitel 2.5.2 vorgestellten Kommunikationskanäle beeinflussen alle fünf Phasen des Innovationsentscheidungsprozesses (ROGERS 2003, 170). In der Implementierungsphase werden Innovationen nicht zwingend in ihrer Ursprünglichkeit übernommen, sondern durch die Adoptoren in einem gewissen Umfang modifiziert oder weiterentwickelt (ebd., 180). Dieses erst nachträglich in ROGERS Diffusionstheorie integrierte Phänomen der „Re-Invention" räumt dem Nutzer einen sehr viel größeren Gestaltungseinfluss ein und widerspricht dem dennoch bis heute vorherrschendem linearen Innovationsverständnis (siehe Kapitel 2.2) (ebd., 180; VON PAPE 2009, 48). Sowohl nach einer Ablehnungsentscheidung als auch einer Annahmeentscheidung mit anschließender Implementierungsphase erfolgt in einigen Fällen eine Phase erneuter Informationseinholung, um die Auswirkungen der getroffenen Entscheidung einzuschätzen und erneut zu bestätigen oder gegebenenfalls zu revidieren (ROGERS 2003, 170; 189).

Die Übernahme einer Innovation durch potenzielle Adoptoren findet zu unterschiedlichen Zeitpunkten statt und korreliert mit deren Innovativität, „the degree to which an individual or other unit of adoption is relatively earlier in adopting new ideas than other members of the system" (ROGERS 2003, 22). Die Innovativität steht in engem Zusammenhang mit dem sozioökonomischen Status, den persönlichen Werten und dem Kommunikationsverhalten der Individuen (ebd., 287-292). Anhand dieser Kriterien stellt ROGERS fünf Adopterkategorien auf, die auf der Basis einer Zeit-Frequenz-Analyse als Glockenkurve dargestellt werden (siehe Abb. 4) (ebd., 272).

Die Innovatoren fallen im Diffusionsprozess insbesondere durch ihre Funktion als Gatekeeper sozialer Systeme ins Gewicht. Durch ihre kos-

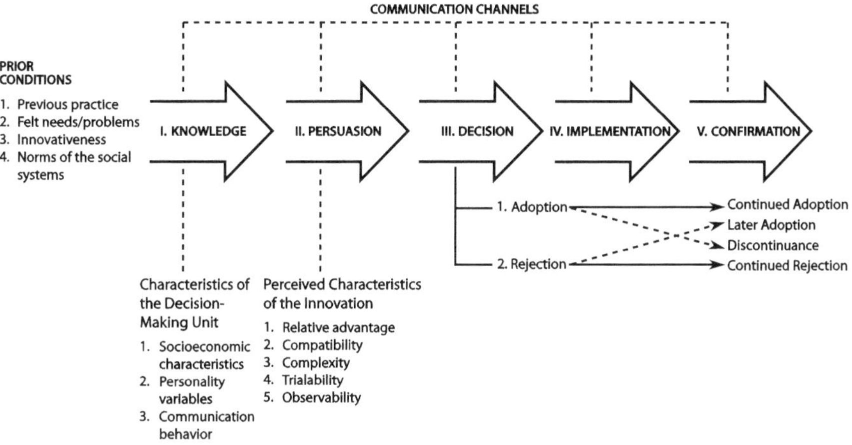

Abb. 3: Der Innovationsentscheidungsprozess
Quelle: Eigene Darstellung in Anlehnung an ROGERS *2003, 170*

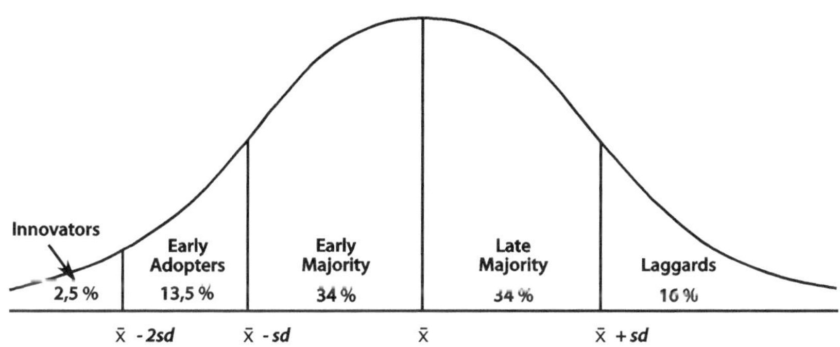

Abb. 4: Die Adopterkategorien
Quelle: Eigene Darstellung in Anlehnung an ROGERS *2003, 281*

mopolitische Ausrichtung über die Grenzen des lokalen Netzwerkes des Systems hinaus, die überdurchschnittlich hohe Offenheit, Experimentierfreudigkeit und Risikobereitschaft spielen sie bei der Einführung von Innovationen in einem sozialen System eine entscheidende Rolle. Im Gegensatz zu den Innovatoren sind die frühen Übernehmer stärker in ihren lokalen Netzwerken integriert und sehr hoch angesehen, wodurch ihnen ein be-

sonders hoher Grad der Meinungsführerschaft zufällt (ROGERS 2003, 283).
Infolge einer Innovationsimplementierung generieren die frühen Übernehmer eine subjektive Evaluation der Innovation, welche durch interpersonelle Netzwerke verbreitet wird und zur Senkung des Unsicherheitsgrads
für nachfolgende Adoptoren beiträgt. Aufgrund ihres hohen sozialen Status können sie einen bedeutenden Beitrag zur Erreichung der sogenannten „critical mass" leisten, „the point after which further diffusion becomes
self-sustaining" (ebd., 343; 283). Die frühe Mehrheit, welche prozentual den
größten Anteil ausmacht, übernimmt die Innovation kurz vor der Mehrheit
der Systemmitglieder. Sie nimmt in der Regel keine relevante Meinungsführerschaft ein, sondern beeinflusst den Diffusionsprozess vornehmlich durch
ihre interpersonellen Netzwerke als notwendiger Link zu den späteren Adoptoren (ebd., 283-284). Die späte Mehrheit zeichnet sich durch eine stark
vertretene Skepsis und Zurückhaltung aus. Die Übernahmeentscheidung
erfolgt nicht selten aus ökonomischem oder sozialem Druck, der durch die
Übernahme der frühen Mehrheit entstanden ist und erfordert häufig eine
vollständige Beseitigung aller mit der Innovation korrelierenden Unsicherheiten. Die Nachzügler sind überwiegend traditionell und lokal verhaftet
und jeder Neuerung gegenüber misstrauisch eingestellt. Darüber hinaus
erschwert eine in dieser Gruppe häufig auftretende soziale Isolation den Informationsfluss und verzögert somit den Innovationsentscheidungsprozess
(ebd., 284).

Die Adoptionsrate setzt sich aus der relativen Geschwindigkeit der aggregierten Adoptionsentscheidungen von Systemmitgliedern über einen
bestimmten Zeitraum zusammen. Die überwiegende Anzahl von Diffusionsverläufen nimmt dabei eine s-förmige Kurve an, die je nach der
Geschwindigkeit des Diffusionsverlaufs mehr oder weniger steil ausfällt
(ROGERS 2003, 23). Die S-Form kommt durch eine meist erst zaghafte Innovationsübernahme nach ihrer Einführung zustande. Darauf folgt mit der
Zeit ein ansteigender Prozentanteil der Adoptoren aller potenziellen Individuen pro Zeitintervall, bis schließlich das Maximum aller Individuen bei
der Hälfte erreicht ist und der Prozentanteil neuer Adoptoren mit sinkender,
verbleibender Individuenzahl wieder absinkt (ebd., 272). Die Diffusionsge-

schwindigkeit ist stark variabel und von einer Vielzahl an Einflussfaktoren abhängig (ROGERS 2003, 23; 272-279).

Im Rahmen einer ersten übergreifenden Studie zur Erfassung der relevanten Einflussfaktoren diverser Nachhaltigkeitsinnovationen stellten FICHTER und CLAUSEN (2013, 236-239) fest, dass sich die Innovationen und deren Verbreitung, je nach charakteristischen Merkmalen der Einflussfaktoren, zumindest einer ungefähren Diffusionsdynamik zuordnen lassen. Diese liegt im untersuchten Sample zwischen 5 und 30 Jahren. Für den Cradle-to-Cradle-Adoptionsprozess sind insbesondere die folgenden drei Cluster, basierend auf den Erkenntnissen von FICHTER und CLAUSEN (2013, 236-239), von Interesse:

Cluster 1: Effizienzsteigernde Investitionsgüter etablierter Anbieter (Diffusionsdynamik 5 Jahre)

- Entwicklung und Einführung durch etablierte Anbieter und Marktführer
- Verbesserungsinnovationen
- geringer Innovationsgrad
- hohe Wirtschaftlichkeit
- keine oder geringe Verhaltensänderung notwendig
- politische Unterstützung spielt untergeordnete Rolle
- bergen Gefahr des Reboundeffekts

Cluster 2: Grundlageninnovation mit hohem Veränderungsbedarf (Diffusionsdynamik ca. 25 Jahre)

- Entwicklung und Einführung durch grüne Pioniere
- hoher Innovationsgrad
- häufig hohe Wirtschaftlichkeit
- starke Verhaltensänderung notwendig
- starke Bindungskräfte bisheriger Technologien und Lösungen
- starke Aktivität von NGOs und Start-ups
- hohes Umweltentlastungspotenzial
- hohe Gefahr des Scheiterns

Cluster 3: Komplexe Produkte mit unklarem oder langfristigem Nutzen (Diffusionsdynamik ca. 30 Jahre)

- Entwicklung und Einführung durch kleine und junge Unternehmen
- hohe Komplexität

- ▶ bestehende Unsicherheiten
- ▶ geringe Kompatibilität
- ▶ hohe und langfristige Kapitalanbindung
- ▶ unklarer und langfristiger Nutzen
- ▶ geringe politische Unterstützung
- ▶ Entstehung wirtschaftlich starker Anbieter bleibt aus/ geschicht schleppend
- ▶ durchschnittliches Umweltentlastungspotenzial
- ▶ hohe Gefahr des Scheiterns

Mit den bereits vergangenen 25 Jahren seit Entwicklung des Cradle-to-Cradle-Konzepts (EPEA 2015c) lässt sich dem Konzept eine langsame Diffusionsdynamik zuordnen. Wie bereits im Zuge der vorangegangenen Beschreibung des Innovationsentscheidungsprozesses erläutert, spielen die im System verankerten Normen und Werte, sozialen Praktiken usw. eine maßgebliche Rolle im Adoptionsprozess und führen dazu, dass die Adoptionsrate derselben Innovation in unterschiedlichen sozialen Systemen stark differieren kann. Aus diesem Grund ist es nicht möglich, den Diffusionsverlauf allein anhand individueller Verhaltensweisen zu erklären. Es bedarf der Integration des sozialen Systems in die Diffusionsuntersuchung (ebd., 23).

2.5.4 Soziales System

Das soziale System stellt einen weiteren wichtigen Einflussfaktor auf den Diffusionsprozess dar (ROGERS 2003, 23). Zum einen werden die Innovationsentscheidungen der Individuen durch die Eigenschaften des sozialen Systems beeinflusst. Zum anderen können Innovationen darüber hinaus auch infolge einer kollektiven oder autoritären Systementscheidung angenommen oder abgelehnt werden (ebd., 28). Die Analyse dieser Arbeit bezieht sich auf das soziale System der Bundesrepublik Deutschland. Unter einem sozialen System versteht ROGERS (2003, 23)

> *„a set of interrelated units that are engaged in joint problem solving to accomplish a common goal. The members or units of a social system may be individuals, informal groups, organizations, and/or subsystems."*

Der Diffusionsprozess findet innerhalb des Systems statt und wird durch dessen Struktur sowie Normen und Werte beeinflusst (Rogers 2003, 24). Die Struktur eines Systems setzt sich laut Rogers aus einer formellen und einer informellen Struktur zusammen, welche den Diffusionsprozess erleichtern oder aber auch verhindern können (ebd., 24-25). Während die formelle Struktur sich auf die Hierarchiestrukturen eines Systems bezieht, die den Individuen als eine gewisse Orientierung und Sicherheit dienen, setzen sich die informellen Strukturen aus den Kommunikationsstrukturen der einzelnen Systemmitglieder zusammen (ebd., 24). Des Weiteren wirken die in dem System vorhandene **Problem- und Bedürfniswahrnehmung** sowie die verankerten **Normen und Werte** auf den Diffusionsprozess ein. Normen stellen **etablierte Verhaltensweisen (kulturelle Praxis)** dar, welche dem menschlichen Handeln als Orientierungs- und Verhaltensstandard dienen und auf der Grundlage gesellschaftlicher Wertevorstellungen entstehen. Normen beeinflussen somit auch die Verhaltensweisen der potenziellen Adoptoren sowie dessen Innovativität und können somit ebenfalls zur Innovationsbarriere werden (ebd., 26). Eine weitere entscheidende Rolle im Diffusionsprozess kommt den **Meinungsführern** und **Change Agents** eines sozialen Systems zu (ebd., 26-31). Meinungsführer fungieren aufgrund ihrer Kompetenz, ihres sozialen Status, ihrer Systemkonformität und weitreichender Kommunikationsnetzwerke als Informant und Berater vieler anderer Systemmitglieder (ebd., 26- 27). Sie besitzen das Potenzial, die Verhaltensweisen der anderen Mitglieder und somit die Adoptionsentscheidung mit zu beeinflussen (ebd., 27). Das Gleiche gilt für die sogenannten Change Agents, die jedoch im Gegensatz zu den Meinungsführern als Vertreter einer Change Agency deren Ziele und Meinungen vertreten sowie umzusetzen versuchen und nicht zwingend Mitglied des Systems sind, welches mit der Innovation konfrontiert wird (ebd., 27-28). Change Agents führen die Innovation im Auftrag der Change Agencies ein und erläutern den Bedarf und die potenziellen Konsequenzen. Die Konsequenzen beziehen sich hierbei auf die Veränderungen, die ein soziales System und dessen Individuen durch die Annahme oder Ablehnung durchlaufen. Diese sind, wie bereits in Kapitel 2.3 aufgezeigt, nicht in Gänze vorhersagbar und können daher für die Innovationsentscheidung nur grob eingeschätzt werden (ebd., 31). Die

Auswirkungen einer Innovation können diverse Ausprägungen annehmen und werden nach ROGERS in die folgenden drei Kategorienpaare eingeteilt: erwünscht versus unerwünscht, direkt versus indirekt sowie antizipierte versus nicht antizipierte Konsequenzen.

2.5.5 Kritik an der Diffusionstheorie nach ROGERS

Obwohl ROGERS Diffusionstheorie bis heute als Grundlagenwerk der Diffusionsforschung gilt, steht sie fortwährend in der Kritik (FICHTER/CLAUSEN 2013, 43; KARNOWSKI 2011, 84; 524). Ein Kritikpunkt bezieht sich auf die gewählte methodische Vorgehensweise zur Erstellung der Theorie (KARNOWSKI 2011, 542; VON PAPE 2009, 46). Zum einen stellt der hohe Prozentanteil der verwendeten Agrar- und Gesundheitsstudien als Forschungsgrundlage für die Integration einer fachübergreifenden Diffusionstheorie ein Problem dar. Die Erkenntnisse aus diesen spezifischen sozialen Systemen wurden ungeachtet etwaiger Unterschiede auf alle restlichen Systeme übertragen (KROPP 2013, 92-93). Zum anderen ließen die Autoren bei der Auswahl der zu integrierenden Ergebnisse die Stichproben, Effektgrößen und jeweils vorgenommene Operationalisierungen der ausgewählten Studien außen vor und selektierten die Aussagen, die mit einem großen Prozentanteil der Studien übereinstimmten, ohne konträre Ergebnisse in die Theorieformulierung mit einzubeziehen (DOWNS/MOHR 1976, 701-702; KARNOWSKI 2013, 542; VON PAPE 2009, 46). Die inhaltliche Kritik konzentriert sich vor allem auf die der Diffusionstheorie zugrunde liegenden Annahme, dass eine Innovation per se als positiv eingestuft werden kann, dem sogenannten „Pro Innovation Bias" und dem linearen Innovationsverständnis (KARNOWSKI 2011, 69). ROGERS geht in Anlehnung an die LASSWELL-Formel (LASSWELL 1948) von einem linearen Diffusionsverlauf aus, in dem die Innovation über Kommunikationskanäle an die Mitglieder eines Systems herangetragen wird und sich diese ausschließlich für eine Übernahme oder Ablehnung entscheiden können (KARNOWSKI/VON PAPE/WIRTH 2011, 3). Darüber hinaus setzt ROGERS eine bereits fertiggestellte Innovation voraus, die ohne jeglichen Gestaltungseinfluss der Systemmitglieder diffundiert (FICHTER/CLAUSEN 2013, 56). Zwar revidiert er in seiner fünften Auflage die Annahme eines linearen Innovationsprozesses, betont dessen inhärenten rekursiven Charakter und ergänzt den individuellen Entscheidungsprozess um das mögliche Auftreten der Re-Invention im Implementierungsprozess durch den Übernehmer (ROGERS 2003, 180-188; VON PAPE 2009, 48). Eine Überarbeitung der restlichen Theorie bleibt jedoch aus und führt, wie bereits in Kapitel 2.2 ausgeführt, zu einem bis heute vorherrschenden linearen Innovationsverständnis, das den Übernehmern eine passive Rolle zuspricht (KROPP 2013, 92-93; KARNOWSKI 2011, 72). Folglich werden „koevaluative Weiterentwicklungen" (KROPP 2013, 92-93) und somit die Betrachtung von sozialem und technischem Wandel ausgeschlossen, obwohl gerade diese einen wichtigen Aspekt der Diffusionsforschung darstellen (ebd.; KARNOWSKI 2011, 72). Ein weiterer Kritikpunkt richtet sich gegen die Annahme, dass Innovationen über die dem System extern angesiedelten Experten (Change Agents, Change Agencies) in das soziale System eingeführt werden (ROGERS 2003, 27-31). Erst 2011 führte die Erkenntnis von SINGHAL zu einer Erweiterung dieser Sichtweise. Er stellte fest, dass das Phänomen „positive deviance", ein von der Norm abweichendes Verhalten der Systemmitglieder, welches zu einer ergebnisreichen Problemlösung führt, eine durchaus effektivere Einführung einer Innovation darstelle (SINGHAL 2011, 203). Des Weiteren bemängeln FICHTER und CLAUSEN (2013, 56) die fehlende Betrachtung staatlicher Rahmenbedingungen sowie institutioneller und anbieterbezogener Einflussfaktoren. Aus diesem Grund werden die für die vorliegende Arbeit relevanten Adoptionsfaktoren im folgenden Kapitel um weitere Einflussfaktoren ergänzt.

2.5.6 Erweiterte Adoptionsfaktoren

Im Rahmen der Diffusion von Nachhaltigkeitsinnovationen weisen FICHTER und CLAUSEN (2013, 102-103) auf vier weitere adopterspezifische Faktoren hin, die über die persönlichen, sozioökonomischen und kommunikativen Charakteristiken von ROGERS (2003, 287-292) hinausgehen und ebenso für Organisationen wie beispielsweise Unternehmen gelten. In Erweiterung zu ROGERS können nicht nur Innovatoren im Allgemeinen einen wesentlichen Beitrag im Diffusionsprozess leisten. Insbesondere **Nutzerinnovatoren** (Erstanwender, Lead User und Testanwender) und deren Einbindung in den Innovationsprozess können eine wichtige Rolle spielen (FICHTER/

CLAUSEN 2013, 102-103). Im Gegensatz dazu haben die **Notwendigkeit von Verhaltensänderungen** im Rahmen der Adoption oder vorhandene **Unsicherheiten** in Bezug auf die Funktionalität der Innovation eine hemmende Wirkung auf den Adoptionsprozess. Darüber hinaus spielen trotz unterschiedlicher Schwerpunktsetzung sowohl für Individuen als auch Organisationen der **Preis**, die **Kosten** sowie die **Wirtschaftlichkeit** einer Innovation eine erhebliche Rolle für die Adoptionsentscheidung (FICHTER/CLAUSEN 2013, 103).

Eine weitere häufig in der Adoptionstheorie verwendete Faktorenkategorie umfasst die Wirkung von umweltspezifischen Einflussgrößen (GARCZORZ 2004, 60; WEBER 2010, 71-73). Hierbei wird in der Regel zwischen makroökonomischen, technologischen, politisch-rechtlichen und soziokulturellen Einflussgrößen unterschieden (GARCZORZ 2004, 60; WEBER 2010, 71-73). Während Letztere auch in der Diffusionstheorie von ROGERS Beachtung finden (siehe Kapitel 2.5.2, 2.5.3, 2.5.4), soll im Folgenden auf die von ROGERS vernachlässigten umweltspezifischen Faktoren eingegangen werden.

Die **technologischen Faktoren** bilden die zum Zeitpunkt der Innovationseinführung vorherrschende technologische Infrastruktur sowie Normen und Standards und deren Entwicklungspotenzial (LIFTIN 2000, 46; WEBER 2010, 73).

Die Diffusion von Nachhaltigkeitsinnovationen steht auch unter dem Einfluss von **politisch-rechtlichen Faktoren**, die die staatlichen Rahmenbedingungen für den Adoptionsprozess bilden (FICHTER/CLAUSEN 2013, 108). Forschungen der letzten 20 Jahre zeigen, dass sich insbesondere die nachfolgenden politischen Instrumente für die Förderung von Nachhaltigkeitsinnovationen bewährt haben:

- „Ordnungspolitische Instrumente wie Ge- und Verbote (z. B. Emissionsauflagen, Grenzwerte),
- Steuern und Abgaben (z. B. Energiesteuern) und Subventionen wie z. B. Marktanreizprogramme,
- Zertifikataauflösungen (z. B. Emissionsrechtshandel),
- Forschungs- und Entwicklungsförderung,

▶ Informationsinstrumente wie z. B. Informationskampagnen, Produkt-kennzeichnungen,

▶ staatliche Investitionsprogramme und öffentliche Beschaffungsrichtlini-en,

▶ Leitmarktpolitiken,

▶ Selbstverpflichtungen von Unternehmen, Verbänden und Kammern,

▶ Haftungsrecht und Patentrecht,

▶ Public-Private-Partnership" (FICHTER/CLAUSEN 2013, 108-109).

Im Hinblick auf den Einfluss politischer Instrumente sowie staatlicher und institutioneller Rahmenbedingungen ist jedoch zu beachten, in welchem Ausmaß diese auf Adoptions- und Diffusionsprozess wirken können (FICH-TER/CLAUSEN 2013, 109). Während staatlich regulative „Push- und Pull-Ak-tivitäten" zur Förderung von Nachhaltigkeitsinnovationen im Wesentlichen positiv wirken, vermag dessen Absenz möglicherweise einen hemmenden Einfluss auszuüben. Gleichermaßen können institutionelle Rahmenbedin-gungen, wie beispielsweise bestehende Gesetze oder behördliche Vorschrif-ten, den Prozess befördern oder einschränken (ebd.). Darüber hinaus stel-len auch Leitmarktpolitiken und zivilgesellschaftliche Aktivitäten (NGOs, Medienberichterstattung usw.) nicht zu unterschätzende Einflussfaktoren dar (ebd., 110).

Das **makroökonomische Umfeld** bezieht sich auf die volkswirtschaftli-chen Rahmenbedingungen, die sich insbesondere aus der Marktstruktur, der konjunkturellen Situation und der Wachstumserwartung zusammen-setzen (WEBER 2010, 71-72). FICHTER und CLAUSEN (2013, 104-108) führen bezüglich der Diffusionsprozesse von Nachhaltigkeitsinnovationen diverse anbieterbezogene Aspekte an. Zum einen sprechen sie den Eigenschaften der Anbieter ein Wirkungspotenzial im Diffusionsprozess zu. Beispiels-weise können die Größe des Unternehmens und die damit einhergehen-den verfügbaren Ressourcen Einfluss auf die Implementierung und den Bekanntheitsgrad der Innovation ausüben. Zum anderen verfügen die Unternehmen über die Möglichkeit, durch den Entwicklungsprozess und die gewählte Produktpolitik bezüglich der Innovation sowie über die ver-bleibenden Instrumente des Marketing-Mixes (Preis, Kommunikation und Distribution) auf den Diffusionsprozess Einfluss zu nehmen (ebd., 104).

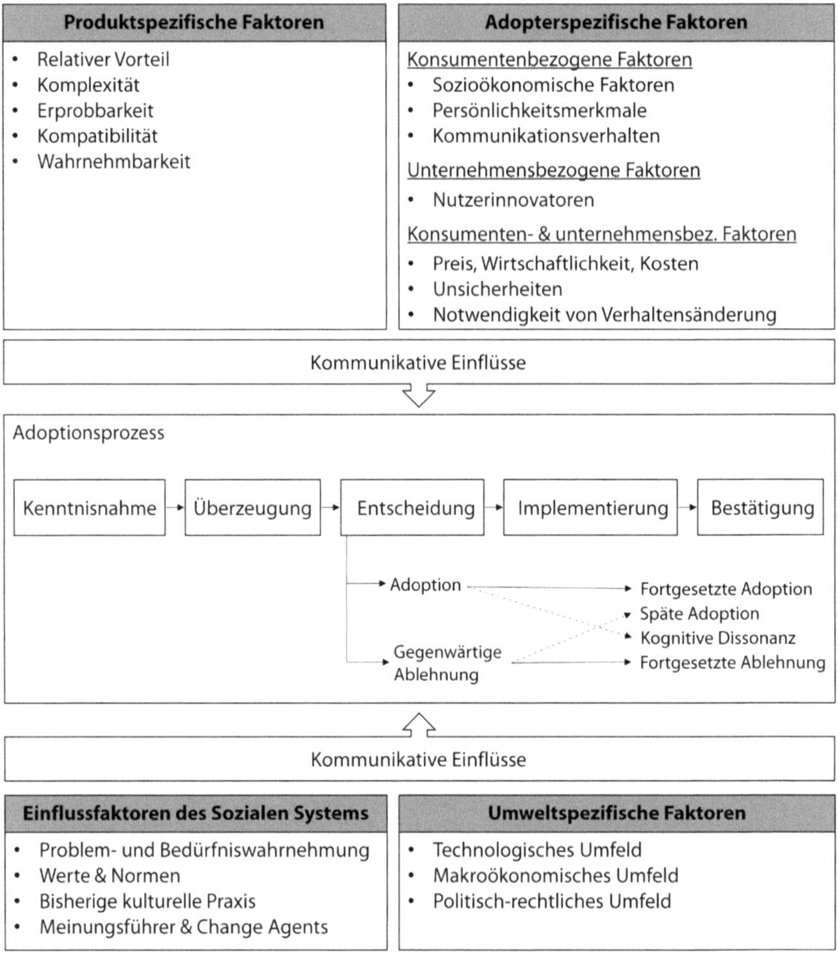

Abb. 5: Der Adoptionsprozess und auf ihn einwirkende Faktoren
Quelle: Eigene Darstellung in Anlehnung an ROGERS *2003, 170;* FICHTER/CLAUSEN *2013, 102-110;* WEBER *2010, 71-81 und* KAIRIES *2013, 15*

Ferner legen die Anbieter die Verfügbarkeit der Innovation und die begleitenden Serviceangebote für den Endkunden fest und fungieren als Informationsquelle (ebd., 105).

Betrachtet man die Rolle der Anbieter in Bezug auf die verschiedenen Phasen der Adoption, wird deutlich, dass insbesondere im Falle einer Ersteinführung von Nachhaltigkeitsinnovationen vorwiegend Pionierunternehmen mit nachhaltigen Zielen eine wichtige Rolle spielen (ebd., 104-106). Für den Übergang vom Nischen- zum Massenmarkt hingegen ist die Innovationsübernahme von größeren Anbietern, die einen hohen Bekanntheitsgrad aufweisen, vonnöten (ebd., 106). In Abbildung 5 werden die Einflussfaktoren zusammengefasst, die in der Summe den Adoptionsprozess ergeben.

3 Methodik

Im folgenden Kapitel wird die dieser Arbeit zugrunde liegende Methodik erläutert, wobei zunächst die Wahl des Forschungsdesigns und -vorgehens dargestellt wird und anschließend die Auswertungsmethode im Mittelpunkt steht.

3.1 Forschungsstand

Das Cradle-to-Cradle-Konzept ist ein sehr junges Forschungsgebiet. Erste Veröffentlichungen sind erst in den späten 1990er Jahren zu verzeichnen und bis heute wurde das Konzept lediglich im kleinen Rahmen erforscht (GENG/HERSTATT 2014, 6; VAN DER MEULEN 2011, 13). Eine Literaturstudie von GENG und HERSTATT (2014, 6) ergab, dass der größte Anteil der 69 Publikationen, die sich direkt auf das Cradle-to-Cradle-Konzept beziehen, in den USA (30 %) veröffentlicht wurde, gefolgt von den Niederlanden mit 13 %. Deutschland hat bisher nur 4 % der Veröffentlichungen zu verzeichnen. Darüber hinaus ergab die Untersuchung, dass nur 8 von 56 Artikeln in höherrangigen Journals (A-, B- oder C-) veröffentlicht wurden, basierend auf dem Ranking der German Association for Business Research 2011 (GENG/HERSTATT 2014, 6). Bisherige Forschungen beschränken sich vor allem auf die Gebiete der Life Cycle Assessment und Reverse Logistics Systeme sowie der chemischen und medizinischen Forschung (ebd., 7). Im Bereich des Innovationsmanagements und auch zur landesweiten Implementierung des Cradle-to-Cradle-Ansatzes ist die bisherige Forschung stark limitiert. Ansätze zur landesweiten Ausführbarkeit finden sich beispielsweise in der Studie von KOOS VAN DER MEULEN (2011), die die Erfolgsfaktoren der bisherigen Cradle-to-Cradle-Implementierung untersucht und der von REAY, MCCOOL und WITHELL (2011) entwickelten Studie zur Umsetzbarkeit des Designkonzepts aus der Perspektive diverser neuseeländischer Wissenschaftler. Im Bereich der Innovationsforschung werden erste Verknüpfungen zum Innovationsmarketing hergestellt (JANßEN 2013) und aktuell erforschen GENG und HERSTATT die Überschneidungen des Konzepts mit der Fuzzy Front End Theorie (GENG/HERSTATT 2014).

Die Verknüpfung der Innovations- und Nachhaltigkeitsforschung ist ebenfalls ein relativ junges Forschungsgebiet, dennoch lässt sich in den letzten Jahren ein ansteigendes Interesse, insbesondere an der Verbindung von sozialen und nachhaltigen Innovationen, verzeichnen (HANSEN/GROSSE-DUNKER 2013, 2048; SCHWARZ ET AL. 2010, 166). MILLER ET AL. (2014, 240-242) führen in diesem Zusammenhang an, dass insbesondere die Untersuchung von Werten und Normen sowie die Entwicklung und Verbreitung von soziotechnischen Innovationen stärker in die zukünftige Nachhaltigkeitsforschung eingebunden werden sollten. Obwohl sich in der Vergangenheit eine immer stärkere Fokussierung in der Erforschung von Steuerungs- und Beförderungsmaßnahmen für einen Übergang zu nachhaltigen Konsum- und Produktionsmustern entwickelt hat, konnte aufgrund der Quantität und Komplexität beteiligter Akteure bisher nur ein sehr eingeschränktes Verständnis über soziotechnische Transformationen und ihre Auswirkungen im Kontext der Nachhaltigkeit gewonnen werden (MARKARD ET AL. 2012, 955; 965). Der Bedarf, Verbreitungsprozesse sozialer und nachhaltiger Innovationen zu analysieren, bleibt demnach, insbesondere in Bezug auf die Identifikation der Wechselwirkungen zwischen der Durchsetzung nachhaltiger Innovationen und der Veränderungen von Werten und Normen sowie sozialen Praktiken, bestehen (SCHWARZ/HOWALDT 2013, 65; STIESS 2013, 37). Des Weiteren stellt laut MILLER ET AL. (2014, 242) speziell die Fähigkeit, soziotechnische Transformationsprozesse zu erleichtern und ihnen eine Richtung zu geben, eine der zentralsten Komponenten dar, um eine erfolgreiche Transition zu nachhaltigen Gesellschaftsmodellen zu erreichen. Da diese von der erfolgreichen Diffusion nachhaltiger Innovationen abhängig ist (SCHNEIDEWIND 2013, 7), aber gleichzeitig dessen „mangelnde Durchsetzung [...], insbesondere das Beharrungsvermögen auf nicht nachhaltigen Formen des Wirtschaftens und sich festigenden Weltanschauungen und Institutionen, [...] ein durchaus erklärungsbedürftiges Phänomen" (KROPP 2013, 87) darstellt, ist die Erforschung der bei der Durchsetzung wirkenden Einflussfaktoren in diesem Zusammenhang von zentraler Bedeutung. Gerade im Hinblick auf die Durchsetzung und mögliche Lenkungsmöglichkeiten der stark eigendynamischen Innovationsprozesse im Sinne der Nachhaltigkeit ist die Analyse der Einflussfaktoren und die

Identifizierung etwaiger Hindernisse oder Fördermöglichkeiten essenziell (MILLER ET AL. 2014, 242; RÜCKERT-JOHN 2013, 15; SCHWARZ ET AL. 2010, 167-168; STIESS 2013, 37). Dennoch sind die zentralen Einflussfaktoren von Nachhaltigkeitsinnovationen und ihrer Diffusionsverläufe, mit Ausnahme einer ersten übergreifenden Studie zu Diffusionsverläufen von FICHTER und CLAUSEN (2013, 100-110) und einzelner Produkt- und Prozessanalysen in diversen Wissenschaftsbereichen, bisher weitestgehend unerforscht (FICHTER/CLAUSEN 2013, 139).

3.2   Wahl und Erläuterung des Forschungsdesigns

Wie bereits erläutert, handelt es sich beim Cradle-to-Cradle-Konzept sowie bei der Diffusion von Nachhaltigkeitsinnovationen um ein sehr junges Forschungsgebiet, das bisher lediglich im kleinen Rahmen erforscht wurde (FICHTER/CLAUSEN 2013, 138; GENG/HERSTATT 2014, 6; VAN DER MEULEN 2011, 13). Der Diffusionsprozess des Konzepts in Deutschland wurde bislang noch nicht untersucht. Für die empirische Untersuchung der Arbeit bietet sich demnach eine qualitative Forschungsmethode mit induktiver Vorgehensweise an (GLÄSER/LAUDEL 2010, 26). Um eine umfassende Erforschung des Untersuchungsbereichs zu gewährleisten, ist es laut LAMNEK (2010, 20; 80) notwendig, den Wahrnehmungstrichter so offen wie möglich zu halten, um ein breites Informationsspektrum zum Sachverhalt zu erhalten sowie die Erfassung nicht vorhersehbarer Informationen über das Untersuchungsfeld zu ermöglichen. Um die Zusammenhänge im Cradle-to-Cradle-Adoptionsprozess zu verstehen und die Einflussfaktoren zu analysieren, ist die Rekonstruktion sozialer Sachverhalte und Prozesse notwendig, wodurch sich insbesondere die Befragung von Experten anbietet, die über spezifisches Wissen über diese Prozesse und Sachverhalte verfügen (LAMNEK 2010, 4; GLÄSER/LAUDEL 2010, 13; MEY/MUCK 2014, 133). Für die Untersuchung der Adoptionsfaktoren ist nicht nur das spezifische Fachwissen des Experten von Bedeutung, sondern es spielen auch deren „Praxis- oder Handlungswissen" (LAMNEK 2010, 655-656) sowie „individuelle Entscheidungsregeln, kollektive Orientierungen und soziale Deutungsmuster" (LAMNEK 2010,

655-656) eine Rolle. Die Wahl des Forschungsinstruments fiel daher auf ein teilstandardisiertes, offenes Leitfadeninterview mit Experten.

Diese Interviewart stellt zum einen die für die Untersuchung notwendige Offenheit sicher und ermöglicht zum anderen eine tiefgehende Analyse der Materie (Lamnek 2010, 307-312). Eine gewisse Orientierung und Strukturierung der Daten sowie die Abdeckung aller relevanten Aspekte ist durch den Leitfaden gegeben (Mayer 2009, 37). Speziell in Bezug auf Experteninterviews stellt der Leitfaden eine wichtige Steuerungsfunktion dar, um den Befragten auf das relevante Expertenwissen zu begrenzen (Lamnek 2010, 658; Mayer 2009, 38). Dennoch wird dem Interviewpartner freigestellt, wie er die Fragen beantwortet (Lamnek 2010, 658; Mayer 2009, 37-38). Ferner gewährleistet ein offenes Interview eine gewisse Flexibilität in der Fragenstellung und das Einfügen von Ad-hoc-Fragen, wenn es der Kontext anbietet (Mayer 2009, 38). Zugleich besteht die Möglichkeit, aus dem Interview eine möglichst natürliche Gesprächssituation entstehen zu lassen, da die Reihenfolge der Fragen nicht verbindlich ist und dem jeweiligen Kontext angepasst werden kann (Gläser/Laudel 2010, 42). Der Leitfaden gewährleistet darüber hinaus eine gewisse Vergleichbarkeit der Interviews (Mayer 2009, 37).

3.3   Stichprobenauswahl und -beschreibung

Mit der Methode leitfadengestützter Experteninterviews zur empirischen Untersuchung der Adoptionsfaktoren von Cradle to Cradle werden, wie bei dieser qualitativen Methode üblich, keine generalisierbaren Ergebnisse mit einer repräsentativen Stichprobe angestrebt (Helfferich 2009, 173; Lamnek 2010, 168). Ziel ist vielmehr die systematische Analyse der vorherrschenden Einflussfaktoren sowie deren Ausprägungen und Zusammenhänge, wodurch die Ergebnisse dieser Arbeit explorativer Natur sind (Kaiser 2014, 71; Lamnek 2010, 168).

Darüber hinaus lässt sich im Zusammenhang mit dem jungen Forschungsfeld des Cradle-to-Cradle-Konzepts keine klare Expertengrundgesamtheit anhand der sonst üblichen Zusammensetzung soziodemografischer Daten wie beispielsweise Geschlecht, Alter, Bildungsstand etc.

definieren (BOGNER/LITTIG/MENZ 2014, 35; HELFFERICH 2009, 172). Der Expertenstatus muss in diesem Fall anhand des Forschungsfeldes und dem unterliegenden Forschungsinteresse zugeschrieben werden (BOGNER ET AL. 2014, 35). Für die Stichprobenbildung ist es demnach zunächst notwendig, zu erörtern, wie ein Experte definiert wird und wer für das untersuchte Forschungsgebiet als Experte gelten kann (MAYER 2009, 41). Im Rahmen dieser Arbeit gilt als Experte:

▶ „wer in irgendeiner Weise Verantwortung trägt für den Entwurf, die Implementierung oder Kontrolle einer Problemlösung oder
▶ wer über einen privilegierten Zugang zu Informationen über Personengruppen oder Entscheidungsprozesse verfügt" (MEUSER/NAGEL 1991, 433).

Da es in diesem Fall nicht darum geht, alle relevanten Experten in die Untersuchung mit einzubeziehen, sondern vielmehr jegliche relevanten Aspekte des Untersuchungsgegenstandes erfassen zu können, wurde anstatt einer vorab festgelegten Stichprobe eine stetige Stichprobenerweiterung im Verlauf der Datenerhebung gemäß des Theoretical Samplings gewählt (LAMNEK 2010, 165). Die Stichprobenauswahl konnte in diesem Fall nicht, wie im theoretischen Sampling üblich, mit Eintreten einer theoretischen Sättigung beendet werden (LAMNEK 2010, 169), da diese im Zuge des breit angelegten Spektrums auch nach zehn Interviews nicht eintrat. Die Stichprobenanzahl ist jedoch mittels des für eine Masterarbeit vorgesehenen und begrenzten Rahmens sowie einer breiten Perspektivenwahl mit zahlreichen Überschneidungen unter den jeweiligen Perspektiven zu rechtfertigen.

Für die Auswahl der relevanten Experten sind Kenntnisse über die im Forschungsfeld vorliegenden Organisationsstrukturen, Entwicklungen und Verteilungen von Kompetenzen vonnöten (MAYER 2009, 41), die in diesem Fall nicht ausreichend über eine vorhergehende Literaturanalyse der Autorin abgedeckt werden konnten. Welche Experten für den Untersuchungsgegenstand von Bedeutung sind, wurde aus diesem Grund in Zusammenarbeit mit dem Verein Cradle to Cradle – Wiege zur Wiege e. V. in Deutschland für eine erste Stichprobenauswahl analysiert. Darüber hinaus diente der Verein als sogenannter Türwächter, um einen Zugang für die Interviewansprache zu erlangen (HELFFERICH 2009, 175). Dieser ist insbesondere im Zusammenhang mit Experten mit starken Barrieren verbunden, sodass der Zugang über ein Netzwerk dem Forscher einen vereinfachten Zugriff auf das Forschungsfeld ermöglicht (BOGNER ET AL. 2014, 38). Neben vorangehender Literaturanalyse und der Expertenanalyse in Zusammenarbeit mit dem Verein Cradle to Cradle – Wiege zur Wiege e. V. wurden zur Stichprobenerweiterung im Verlauf der Untersuchung Empfehlungen der Befragten per Schneeballsystem eingeholt und wenn nötig dem Sample hinzugefügt (BOGNER ET AL. 2014, 35).

Aus dem Rücklauf der Interviewanfragen, limitierenden zeitlichen Rahmenbedingungen und einer aufwendigen Auswertungsmethodik sowie einem hohen Grad an Überschneidungen unter den jeweiligen Perspektiven ergab sich ein Stichprobenumfang von zehn Interviews. Trotz des in der qualitativen Forschung im mittleren Bereich anzusiedelnden Stichprobenumfanges (HELFFERICH 2009, 173) wurde versucht, ein möglichst breites Perspektivenspektrum mit Experten aus den Bereichen Politik, Wirtschaft, Gesellschaft und Change Agencies abzudecken. Im folgenden Abschnitt erfolgt eine kurze Vorstellung der interviewten Experten. Die Auskünfte einer befragten Person liegen in anonymisierter Form vor und werden im Folgenden mit EXP1 kenntlich gemacht.

Prof. Dr. Michael Braungart

Professor Dr. Michael Braungart ist Gründer und wissenschaftlicher Geschäftsführer von EPEA (Environmental Protection Encouragement Agency), ein 1987 ins Leben gerufenes internationales Umweltforschungs- und Beratungsinstitut, dessen Hauptbüro in Hamburg ansässig ist. Darüber hinaus ist er Mitbegründer und wissenschaftlicher Leiter des Hamburger Umweltinstituts e. V. (HUI) und der McDonough Braungart Design Chemistry (MBDC) in Charlottesville, Virginia (USA) sowie als Leiter von Braungart Consulting in Hamburg tätig. Im Anschluss an sein Studium der Chemie und Verfahrenstechnik promovierte er an der Universität in Hannover im Fachbereich Chemie und beteiligte sich im Rahmen seines Engagements bei Greenpeace am Aufbau des Chemiebereiches. Seit der Gründung von EPEA setzt sich Braungart mit seiner Forschung und Beratung für die Entwicklung von öko-effektiven Produkten und Produktprozessen ein, darunter verfasste er als Co-Autor „Hanover Principles of Design: Design for Sustainability" für die Expo 2000 in Hannover und entwickelte mit William McDonough 1989-91 das Konzept IPS („Intelligentes Produktesystem"), welches heute unter dem Namen Cradle to Cradle bekannt ist. Ferner hat Braungart einen Lehrstuhl an der Leuphana Universität Lüneburg, an der Erasmus Universität in Rotterdam und der Universität Twente in Enschede inne (EPEA 2015b).

Jörg Finkbeiner

Jörg Finkbeiner ist gemeinsam mit Klaus Günter Geschäftsführer des Architektenbüros PARTNERUNDPARTNER architekten mit Sitz in Berlin und Baiersbronn (Nordschwarzwald). Nach seiner Schreinerlehre studierte er Architektur an der Technischen Universität Berlin und war dort im Anschluss von 2009 bis 2011 als wissenschaftlicher Mitarbeiter und Lehrbeauftragter tätig. 2006 gründete er zusammen mit Klaus Günter das Architektenbüro, welches auf ökologischen und energieoptimierten Holzbau spezialisiert ist und das Cradle-to-Cradle-Konzept integriert hat. Seit 2011 agiert er darüber hinaus als Cradle-to-Cradle-Consultant, hält Vorträge mit dem Schwerpunkt Architektur und öko-effektiver Stadtentwicklung und fungiert als Berater für Firmen und Bauherren bei anstehenden Entwicklungsprojekten (PARTNERUNDPARTNER ARCHITEKTEN 2015; CRADLE TO CRADLE – WIEGE ZUR WIEGE E. V. 2014a).

Dr. Monika Griefahn

Die SPD-Politikerin (Ministerin a. D.) ist heute zum einen als Direktorin für Umwelt und Gesellschaft bei AIDA Cruises und zum anderen in ihrem 2012 gegründeten Monika Griefahn GmbH institut für medien umwelt kultur tätig. Das Institut engagiert sich in der Nachhaltigkeitsbildung und bietet Organisationen und Firmen Beratungsleistung im Bereich der Hausumgestaltung mit umfassender Qualität an. Darüber hinaus ist Griefahn als Vorsitzende des Cradle to Cradle – Wiege zur Wiege e. V. und Co-Vorsitzende sowie Jurymitglied der Right Livelihood Award Foundation („Alternativer Nobelpreis") ehrenamtlich tätig. Die Diplom-Soziologin ist Mitgründerin von Greenpeace Deutschland und hat dort von 1980-1983 das

Amt der Co-Geschäftsführerin von Greenpeace Deutschland bekleidet. Im Rahmen der von Gerhard Schröder geführten Landesregierung war sie von 1990-1998 niedersächsische Umweltministerin und im Anschluss bis 2009 Mitglied des Deutschen Bundestages. Zu ihren Verantwortungsbereichen zählten die Bereiche Neue Medien, Kultur und Medien sowie die auswärtige Bildungs- und Kulturpolitik. Bis heute setzt sie sich für den Ausstieg aus der Atomenergie, für erneuerbare Energien sowie für die Umsetzung des Cradle-to-Cradle-Konzepts ein (MONIKA GRIEFAHN GMBH INSTITUT FÜR MEDIEN UMWELT KULTUR 2015).

Katja Hansen

Katja Hansen ist eine anerkannte Cradle-to-Cradle-Expertin im Bereich Forschung, Training und Projektentwicklung mit umfangreicher internationaler Projekterfahrung. Als Freiberuflerin und Cradle-to-Cradle-Trainerin führt sie Schulungen und Vorträge für Unternehmen und Gewerkschaften durch und ist seit 1990 unter anderem für EPEA – Internationale Umweltforschung GmbH in der Cradle-to-Cradle-Projektentwicklung und -implementierung tätig. Zu ihren Fachbereichen zählen die Forschungsfelder der Biosphäre, insbesondere die Gebiete Wasser und Boden, sowie integrierte Nährstoffkreisläufe und diverse Cradle-to-Cradle-Aspekte in der Architektur. Als wissenschaftliche Leiterin eines Biomassennährstoffrückgewinnung-EU-Projekts in China und Brasilien war sie 1992-1998 an der Planung und Umsetzung von nach dem Cradle-to-Cradle-Prinzip errichteten Abwasseranlagen beteiligt. Darüber hinaus ist sie als Wissenschaftlerin an der Erasmus Universität in Rotterdam für Prof. Braungarts Lehrstuhl Cradle to Cradle und der Architekturfakultät der Technischen Universität München tätig. Im Rahmen ihres ehrenamtlichen Engagements als wissenschaftlicher Beirat des Cradle to Cradle – Wiege zur Wiege e. V. engagiert sie sich ebenfalls für die gesellschaftliche Arbeit zum Thema „Cradle to Cradle" (HANSEN O. J.; CRADLE TO CRADLE – WIEGE ZUR WIEGE E. V. 2014b).

Tim Janßen

Tim Janßen ist seit 2012 als Geschäftsführer und Mitglied des Vorstands des gemeinnützigen Cradle to Cradle – Wiege zur Wiege e. V. mit Sitz in

Berlin sowie nebenberuflich als Hochschuldozent zum Thema Cradle to Cradle an der Leuphana Universität Lüneburg und an der Hochschule Baden-Württemberg tätig. Nach seinem Bachelorstudium der internationalen Betriebswirtschaftslehre an der Leuphana Universität Lüneburg absolvierte er dort den Master Management und Entrepreneurship mit dem Schwerpunkt Nachhaltigkeitsmanagement. Als Mitbegründer und Geschäftsführer des Cradle to Cradle – Wiege zur Wiege e. V. engagiert er sich vorwiegend für die gesellschaftszentrierte Arbeit der Organisation, welche zum Ziel hat, interdisziplinäre Akteure zusammenzubringen und die Cradle-to-Cradle-Denkschule über Bildungs- und Netzwerkarbeit in die Mitte der Gesellschaft zu bringen (Interview).

Johannes Katzan

Johannes Katzan ist seit dem Jahr 2001 in der Beratung von Betriebsräten bezüglich Innovationsprozessen, Abbauprogrammen und Kosteneinsparungen für die IG Metall tätig. Zur Zeit des Interviews leitet er beim Vorstand der IG Metall das Ressort Angestellte, IT, Studierende. Nach einer Laufbahn als freiberuflicher Journalist im Anschluss an sein Abitur gründete er 1991 eine Firma zur Beratung in den Bereichen Organisationsentwicklung und Öffentlichkeitsarbeit. Von 2001 bis 2010 koordinierte er für die IG Metall in SüdOstNiedersachsen die Aktivitäten im Bereich der Strukturpolitik. Im Zuge seiner Arbeit zu dem Thema „Ressourceneffizienz bei der IG Metall" kam es 2007 zum Kontakt mit Michael Braungart und dem Cradle-to-Cradle-Konzept. Seitdem setzt sich Katzan für die Integration des Konzepts in die Arbeit der IG Metall ein, die bereits Teilaspekte des Konzepts in einige Projekte (z. B. in der Zusammenarbeit mit dem „Fairphone"-Projekt) übernommen hat (Interview).

Albin Kälin

Albin Kälin ist Gründer und Geschäftsführer von EPEA Switzerland GmbH. Bereits Anfang der 1990er Jahre entwickelte er als Unternehmer in Zusammenarbeit mit EPEA Hamburg die Climatex Textilien als erstes Cradle-to-Cradle-Produkt weltweit. 2005 übernahm er die Stelle als Geschäftsführer für den EPEA Hauptsitz in Hamburg und war ebenfalls am Aufbau der

EPEA Zweigstelle in den Niederlanden beteiligt, die er anschließend leitete. 2010 gründete er die EPEA Switzerland GmbH und ist in weiterer Partnerschaft mit EPEA Hamburg an der Entwicklung und Umsetzung diverser Cradle-to-Cradle-Projekte beteiligt (EPEA 2010).

Dagmar Parusel

Die Diplom-Biologin Dagmar Parusel ist seit 1998 als Senior Scientist im Headoffice EPEA Hamburg tätig. Anfang des Jahres 2016 übernahm sie die Leitung des Cradle-to-Cradle-Textilbereiches bei EPEA. Ziel dieser Abteilung ist die Optimierung sowie Entwicklung von Textilprodukten und Prozessstrukturen nach Cradle-to-Cradle-Kriterien. Eine erste Zusammenarbeit mit EPEA Internationale Umweltforschung GmbH zum Themenbereich „Cradle to Cradle" bestand jedoch schon seit 1994 im Zusammenhang mit der Kampagne „Cotton Connection", in der Dagmar Parusel 1994-1998 die wissenschaftliche Leitung übernahm. Die Arbeit des Arbeitskreises Organic Cotton fördert die Zusammenführung von Unternehmen, Verbraucherinitiativen und Einzelpersonen mit dem Ziel, den Absatz von Naturtextilien aus kontrolliert biologischem Anbau zu fördern. Unter anderem war der Arbeitskreis in Kooperation mit dem Internationalen Verband Naturtextil e. V. (IVN) beispielsweise an der Entwicklung der GOTS Richtlinien beteiligt. Darüber hinaus leitet Dagmar Parusel das gemeinnützige Hamburger Umweltinstituts (HUI) – Zentrum für soziale und ökologische Technik e. V. (PARUSEL o. J.; Interview).

Dr. Michael Schmidt-Salomon

Michael Schmidt-Salomon ist freischaffender Philosoph, Schriftsteller und Sozialwissenschaftler und darüber hinaus Mitbegründer und Vorstandssprecher der Giordano-Bruno-Stiftung. In der Öffentlichkeit ist er vor allem für seine kultur- und religionskritischen Schriften bekannt. Er versteht sich selbst als Humanist und Naturalist und engagiert sich für die Verbreitung einer humanistischen Weltanschauung (GIORDANO-BRUNO-STIFTUNG 2015). Seit der Begegnung mit Michael Braungart 2011 auf dem 14. Zürcher Wirtschaftsforum für Querdenker, Grenzgänger, Brückenbauer setzt er sich ebenfalls mit dem Thema „Cradle to Cradle" auseinander (Interview).

Sein Fokus liegt hierbei nicht auf den sonst üblichen technischen Ansätzen des Konzepts, sondern bei der Frage, wie wir Menschen die drängenden globalen Probleme in den Griff bekommen können (GIORDANO-BRUNO-STIFTUNG 2015). In seinen Büchern „Keine Macht den Doofen" (2012) und „Hoffnung Mensch" (2014) führt er das Cradle-to-Cradle-Konzept in diesem Zusammenhang explizit als wesentlichen Bestandteil einer zukünftigen Lösungsstrategie an (GIORDANO-BRUNO-STIFTUNG 2015).

3.4 Datenerhebung

Die Kontaktaufnahme zu einer ersten Auswahl an Experten erfolgte im November 2014 mittels eines Anschreibens, welches über den als Türwächter fungierenden Cradle to Cradle – Wiege zur Wiege e. V. versendet wurde (HELFFERICH 2009, 175). Die weitere Akquirierung erfolgte über persönliche Kontakte der Experten in Form des Schneeballsystems (ebd., 175). Der Interviewleitfaden (siehe Anhang) wurde nach den folgenden, von HELFFE-RICH (2009, 182-185) aufgestellten Arbeitsschritten entworfen:

- ▶ „S – Sammeln von möglichst vielen Fragen.
- ▶ P – Prüfen: Durcharbeiten der gesammelten Fragen unter Aspekten des Vorwissens und der Offenheit mit dem Ziel einer Reduzierung und Strukturierung.
- ▶ S – Sortieren der verbleibenden Fragen nach der zeitlichen Abfolge und inhaltlichen Aspekten.
- ▶ S – Subsumieren der Einzelaspekte unter einfachen Erzählaufforderungen" (LAMNEK 2010, 322).

Am Ende des Interviews erhielten die Interviewpartner die Möglichkeit, Themenbereiche anzusprechen, die für die Thematik von den Befragten ebenfalls als relevant eingestuft wurden, jedoch unter Umständen nicht vom Leitfaden abgedeckt wurden. In einem durchgeführten Pretest konnten keine grundsätzlichen Mängel des Leitfadens festgestellt werden. Eine Woche vor dem Interviewtermin wurden die Befragten über die Datenschutzbestimmungen aufgeklärt und erhielten den Fragebogen zur thematischen Vorbereitung für das Interview. Aufgrund der eingeschränkten Zeitressourcen der Experten war davon auszugehen, dass ein persönlicher

Termin zur Interviewdurchführung nur in seltenen Fällen möglich ist. Um den Experten bei Interesse jedoch einen persönlichen Termin anzubieten und nicht durch eine vorgegebene Form des Interviews einzuschränken, wurde es den Befragten überlassen, zwischen einem persönlichen, einem telefonischen Skype- oder Handyinterview zu wählen. In einem Fall wurde auch der Anfrage einer schriftlichen Beantwortung der Leitfragen stattgegeben, unter der Bedingung, dass Nachfragen ebenfalls bearbeitet werden. Der zustande gekommene Interviewmix beeinträchtigt zwar die Vergleichbarkeit und ist im Falle telefonischer und schriftlicher Interviews mit Informationseinschränkungen verbunden (BOGNER ET AL. 2014, 39), wurde jedoch zugunsten einer höheren Interviewanzahl in Kauf genommen. Die Interviewphase umfasste den Zeitraum vom 03. Februar bis zum 26. März 2015. Die Interviewdauer betrug zwischen 20 und 50 Minuten, wobei die meisten Interviews in einer Zeit von 35 bis 45 Minuten durchgeführt wurden. Alle Interviews wurden von der Verfasserin durchgeführt und mit der ausdrücklichen Genehmigung der Befragten aufgezeichnet, um die spätere Auswertung zu vereinfachen und die Auswertungsqualität zu steigern.

3.5 Die Auswertungsmethode

Um eine tiefgehende und intensive Interpretation der Interviewtexte zu gewährleisten, wurden die Interviews von der Verfasserin transkribiert, das heißt die Audioaufnahmen verschriftlicht (DRESING/PEHL 2013, 17),[7] und mithilfe der Inhaltsanalyse nach PHILIPP MAYRING (2010) ausgewertet. Bezüglich der Transkription von Gesprächssituationen ist zu betonen, dass diese mittels Transkription nicht in ihrer Gänze erfasst werden können. Die Transkription führt zwangsläufig zu einer Reduktion des Materials (DRESING/PEHL 2013, 17-18). Eine weitere Selektion geht mit der Auswahl der Transkriptionsregeln einher, da diese unterschiedliche Aspekte der Interviewsituation abdecken beziehungsweise besonders stark in den Fokus

---

7   Das Transkript und die Audio-Dateien liegen dem Herausgeber vor und waren Bestandteil der hier überarbeiteten Abschlussarbeit. Wird im Folgenden ein Interview zitiert, sind der jeweilige Interviewpartner mit den Anfangsbuchstaben des Vor- und Nachnamens sowie die Zeilennummer(n) des Transkripts angegeben.

rücken (DRESING/PEHL 2013, 17-18). In der vorliegenden Arbeit wurde zugunsten der Lesbarkeit und aus forschungsökonomischen Gründen ein einfaches Transkriptionssystem gewählt (ebd., 18). Ferner stellt die Auswahl eine Fokussierung auf inhaltliche Aspekte des Interviews sicher, welche im Mittelpunkt des Erkenntnisinteresses der Arbeit liegen (ebd., 18-20). Die Glättung der Interviews konzentrierte sich dementsprechend nicht ausschließlich auf die Übertragung ins Schriftdeutsch und die Eliminierung von Füllwörtern wie beispielsweise „ähm" oder „mhm", sondern beinhaltete auch eine grammatikalische Glättung und somit eine Anpassung der Interpunktion. Trotz des Informationsverlustes, der mit diesem Transkriptionssystem einhergeht, ist dieses Vorgehen, im Falle einer Priorisierung der inhaltlich-thematischen Ebene des Untersuchungsmaterials, als legitim anzusehen (MAYRING 2002, 89-94). Eine Anonymisierung wurde auf Wunsch nur in einem Fall durchgeführt. Die für die qualitative Inhaltsanalyse nach MAYRING (2010, 13) notwendige Fixierung der Kommunikation liegt somit vor.

Die Stärke der qualitativen Inhaltsanalyse besteht in einem streng kontrollierbaren Analyseablauf (MAYRING 2002, 114-121), welcher eine notwendige Voraussetzung für die Nachvollziehbarkeit der Ergebnisse schafft (MAYRING 2010, 48-52). Die Systematik der Analyse ist durch ein regel- und theoriegeleitetes Vorgehen gesichert. Letzteres manifestiert sich in der Theorie und einer daraus abgeleiteten Fragestellung, vor dessen Hintergrund die einzelnen Analyseschritte (siehe Abb. 6) vollzogen werden (ebd., 13).

Die Analyseschritte eins bis drei wurden bereits in den vorangehenden Abschnitten erläutert. Die der Arbeit zugrunde liegende Forschungsfrage: *Welche Faktoren beeinflussen die Cradle-to-Cradle-Adoption in Deutschland?* dient als richtungsweisendes Element der Analyse (MAYRING 2010, 56-57). Für die Sicherstellung einer theoretisch begründeten Analyse des Untersuchungsmaterials und dessen Anschlussfähigkeit an den bisherigen Forschungsstand wurden im Sinne der *theoriegeleiteten Differenzierung* nach MAYRING (2010, 57-58) folgende Unterfragestellungen aus der in dieser Untersuchung dargestellten Theorie abgeleitet:

Fragestellung 1: Welche Aspekte bezüglich der Innovationseigenschaften des Cradle-to-Cradle-Konzepts werden genannt?

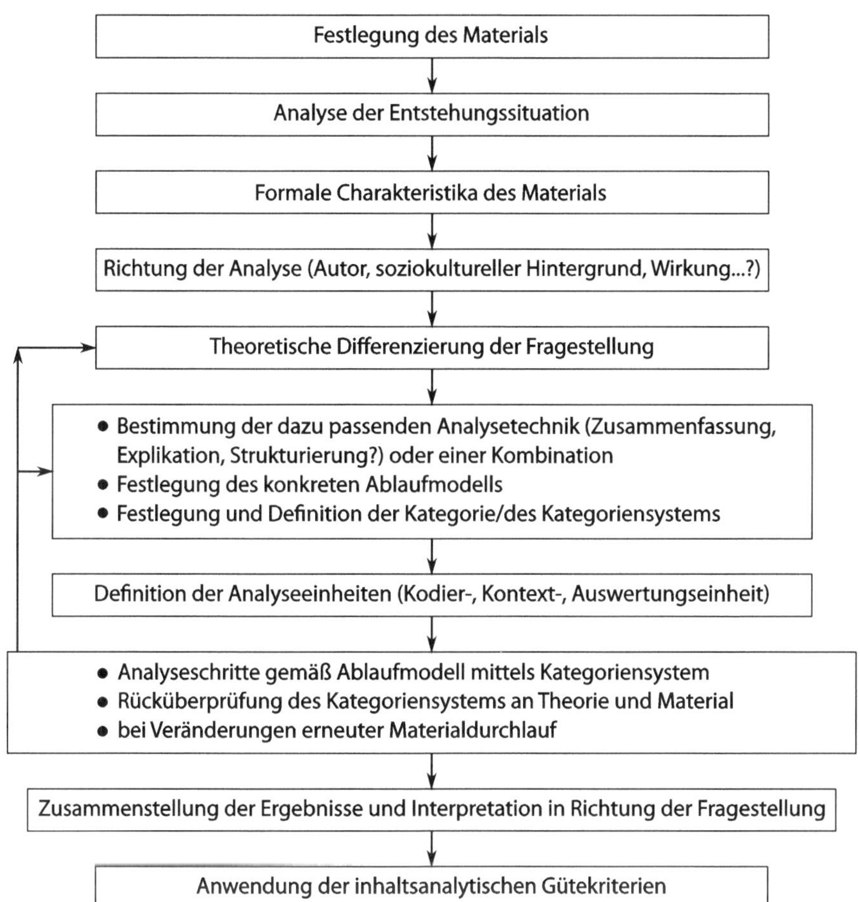

Abb. 6: Allgemeines inhaltsanalytisches Ablaufmodell
Quelle: Eigene Darstellung in Anlehnung an MAYRING 2010, 60

Fragestellung 2: Welche öffentlich wahrgenommenen Unsicherheiten bezüglich des Cradle-to-Cradle-Konzepts werden genannt?

Fragestellung 3: Welche Konsequenzen werden dem Cradle-to-Cradle-Konzept in der Öffentlichkeit bisher zugeschrieben?

Fragestellung 4: Inwieweit werden vorherrschende Bedürfnisse und Probleme mit dem Cradle-to-Cradle-Konzept in Verbindung gebracht?

Fragestellung 5: Welchen Einfluss haben die derzeitigen Kommunikationsstrukturen rund um das Cradle-to-Cradle-Konzept?

Fragestellung 6: Welche Aspekte des politisch-rechtlichen Umfeldes spielen in der Adoption des Cradle-to-Cradle-Konzepts eine Rolle?

Fragestellung 7: Welche Aspekte des ökonomischen Umfeldes spielen in der Adoption des Cradle-to-Cradle-Konzepts eine Rolle?

Fragestellung 8: Welche Aspekte des technologischen Umfeldes spielen in der Adoption des Cradle-to-Cradle-Konzepts eine Rolle?

Fragestellung 9: Welche Rolle spielen Normen und Werte im Cradle-to-Cradle-Adoptionsprozess?

Um die Offenheit der Untersuchung auch im Auswertungsprozess zu gewährleisten und diesen nicht durch Vorannahmen der Forscherin einzuengen, wurde die zusammenfassende Inhaltsanalyse zur induktiven Kategorienbildung als Analysetechnik gewählt (siehe Abb. 6) (MAYRING 2010, 83-84). Für die Nachvollziehbarkeit und die Präzision der Kategorienbildung wurden im nächsten Schritt die Maßeinheiten des zu interpretierenden Materials festgelegt, welche sich aus der Kodiereinheit, der Kontexteinheit und der Auswertungseinheit zusammensetzen. Als kleinster zu analysierender Materialbestandteil, die **Kodiereinheit**, wird in der nachfolgenden Untersuchung eine Proposition gewählt. Die **Kontexteinheit** bezieht sich auf den größten Textbestandteil, der unter eine Kategorie fallen kann, und umfasst in dieser Studie das gesamte Material in Form der Transkriptionen und Interviewprotokolle. Bezüglich der **Auswertungseinheit**, welche die Textbestandteile angibt, die nacheinander ausgewertet werden, werden die Fundstellen in der nachfolgenden Auswertung durch die Interviewbeschriftung und die Zeilennummer gekennzeichnet (ebd., 59).

Für die erste Reduktion der zusammenfassenden Inhaltsanalyse (siehe Abb. 7) wurde das Ausgangsmaterial Zeile für Zeile durchgegangen. Nichts aussagende Satzbestandteile wurden anhand einer Paraphrasierung der Aussagen entfernt und die Paraphrase nachfolgend generalisiert. Um die

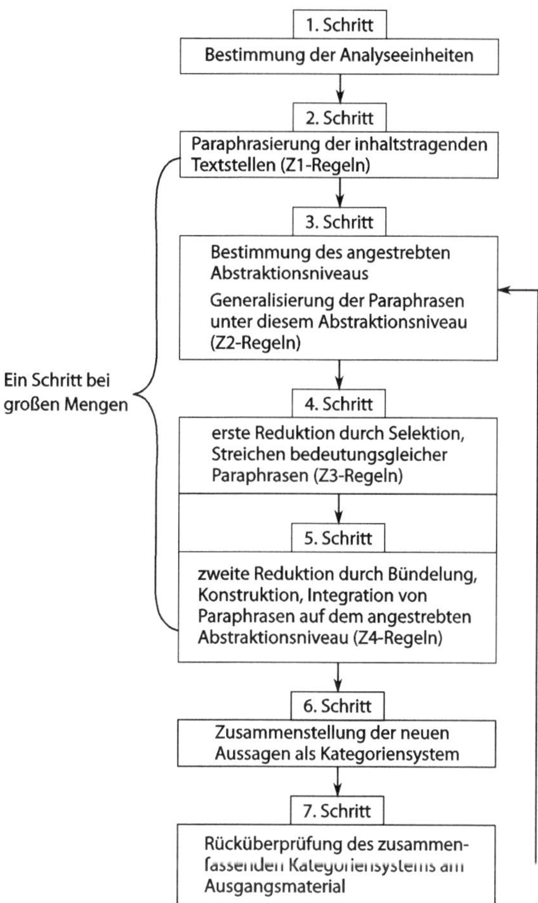

Abb. 7: Ablaufmodell zusammenfassender Inhaltsanalyse
Quelle: Eigene Darstellung in Anlehnung an MAYRING 2010, 68

Voraussetzung für eine möglichst konkrete Kategorienbildung zur Identifikation der relevanten Einflussfaktoren zu schaffen, wurde das Abstraktions-
niveau insgesamt niedrig gehalten. Als Selektionskriterium der Kategorienbildung diente die Gruppierung inhaltsähnlicher Aussagen zur Erstellung
eines ersten Kategoriensystems (MAYRING 2010, 68). Im zweiten Redukti-
onsschritt wurden inhaltsähnliche gesammelte Paraphrasen unter neuen

Aussagen zusammengefasst und die einzelnen Kategorien in Überkategorien gebündelt (MAYRING 2010, 68-70). Anschließend erfolgten die Rücküberprüfung des Kategoriensystems (ebd., 68) sowie die Interpretation der Ergebnisse, welche im folgenden Kapitel dargestellt werden.

4 Ergebnisse

Das folgende Kapitel beschäftigt sich zunächst mit den Einschätzungen der Experten zur Entwicklung von Cradle to Cradle. Anschließend folgt die Darstellung der identifizierten Einflussfaktoren. Zur besseren Übersicht und Leserlichkeit sind die aufgeführten relevanten Aspekte der identifizierten Einflussfaktoren kursiv hervorgehoben. Eine Zusammenfassung aller Faktoren und deren zugehöriger Aspekte in tabellarischer Form ist Kapitel 5.1 zu entnehmen.

4.1 Einschätzung der Cradle-to-Cradle-Entwicklung in Deutschland

Während, wie in Kapitel 2.4.3 angeführt, die Medien die Cradle-to-Cradle-Entwicklung in Deutschland als eher verhalten und international rückständig darstellen, zeichnen die Experten ein differenzierteres, überwiegend positives Bild (M. B., Zeile 12-15; K. H., Z. 195-199; T. J., Z. 87-88; A. K., Z. 14-16; 209-210; J. K., Z. 71-73; D. P., Z. 221-222). In der medialen Berichterstattung werde außer Acht gelassen, dass die Reaktionen gegenüber dem Konzept durchaus sehr positiv ausfielen (K. H., Z. 195-199; D. P., Z. 221-222). Die TV-Ausstrahlung von Cradle-to-Cradle-Dokumentationen beispielsweise stoße auch in Deutschland auf positive Resonanz (K. H., Z. 210-211) und eine Reihe von Organisationen und Wirtschaftsunternehmen würde bereits die Vorteile des Konzepts erkennen und ernsthaftes Interesse zeigen (K. H., Z. 195-199; D. P., Z. 221-222). Albin Kälins Meinung nach (Z. 14-16) treffen Aussagen der Medien über die Rückständigkeit der Entwicklung nicht zu. Die Fehleinschätzung resultiere überwiegend aus der Tatsache, dass die bereits in den Entwicklungsprozess involvierten Firmen vorwiegend als Zulieferer tätig seien. Ihre Tätigkeiten seien für die breite Öffentlichkeit allerdings nur eingeschränkt sichtbar (A. K., Z. 14-16; 209-210). Dennoch machen die Experten deutlich, dass die Cradle-to-Cradle-Implementierung in Deutschland durchaus eine Herausforderung darstellt. Im Gegensatz zu der Implementierung in anderen Ländern unterliegt sie einer geringeren Wahrnehmung sowie Akzeptanz und hat mit sehr speziellen

Schwierigkeiten zu kämpfen, auf die im weiteren Verlauf des Kapitels noch detaillierter eingegangen wird (Exp1, Z. 28-30; J. F., Z. 12-15; 20-22; K. H., Z. 211-214; T. J., Z. 362-364; D. P., Z. 12). Die tendenziell kritische Haltung konservativer Kreise bestehe nach wie vor (K. H., Z. 211-214), sei jedoch als natürlich gegebener Bestandteil einer Innovationseinführung zu betrachten, der auf eine gesunde Entwicklung hinweise (K. H., Z. 215-216; D. P., Z. 299-300). Einige Experten geben zu bedenken, dass unter Berücksichtigung des Aspekts, dass die Cradle-to-Cradle-Entwicklung in Deutschland bisher noch in den Anfängen steckt und noch keine umfassenden Umsetzungsversuche unternommen worden sind, weder eine besonders rückständige noch fortgeschrittene Entwicklung festgestellt werden kann (A. K., Z. 117-118; J. K., Z. 71-73; K. H., Z. 215-216; D. P., Z. 12). Michael Braungart sieht seine Erwartungen an die Entwicklung in Deutschland sogar als über die Maßen erfüllt an (M. B., Z. 12-15), insbesondere weil Cradle to Cradle ein Wirtschaftsmodell sei, das der jetzigen Praxis diametral entgegenstehe. Darüber hinaus gehe die Entwicklung im Vergleich zu anderen Innovationen geradezu schnell voran:

> *„Das ging in Deutschland schneller als gedacht, weil es komplett das Gegenteil ist, von dem, was die Leute bisher gemacht haben. Es ist erstaunlich, wenn man sieht, dass es 150 Jahre zwischen der Erklärung der Menschenrechte und dem Wahlrecht für Frauen in Deutschland brauchte. Da ist man erstaunt, wie schnell sich das Konzept durchsetzt"* (M. B., Z. 12-15).

Aktuell beobachten einige Experten einen vielversprechenden Anstieg des Bekanntheitsgrades von Cradle to Cradle. Sowohl in der Wirtschaft als auch in der Öffentlichkeit nehme das Bewusstsein für das Innovationspotenzial des Konzepts zu, was in den letzten 20 Jahren nicht der Fall gewesen sei (K. H., Z. 63-65; T. J., Z. 87-88; D. P., Z. 14-18; 55-56; M. S.-S., Z. 15-16). Jörg Finkbeiner sieht insbesondere ein tieferes Verständnis für die Logik hinter dem Konzept als Schlüssel für eine exponentielle Beschleunigung der Cradle-to-Cradle-Implementierung in der Zukunft:

„Ich würde sagen, die Kurve steigt exponentiell. Wir sind gerade noch unten im ganz flachen Bereich, wo das Konzept gerade verstanden wird. Aber ich könnte mir schon vorstellen, dass es jetzt steigend nach oben gehen wird, weil einfach die Vorteile verstanden werden und wir dann auch einen Weg in die Realität finden können" (J. F., Z. 207-211).

Zusammenfassend lässt sich feststellen, dass die Experten ein deutlich positiveres Bild der Cradle-to-Cradle-Entwicklung in Deutschland vermitteln, als es in der aktuellen Medienberichterstattung zu verzeichnen ist. Aktuell ist nach Meinung der Befragten ein Anstieg des Bekanntheitsgrads und der Wahrnehmung des Konzepts zu beobachten. Dennoch bestätigt die überwiegende Mehrheit der Experten, dass die Implementierung in Deutschland eine Herausforderung darstellt und dass man hierzulande mit großer Skepsis konfrontiert ist.

4.2 Produktspezifische Faktoren

Aus den Experteninterviews lässt sich herauslesen, dass die Einzelaspekte des Konzepts in der deutschen Öffentlichkeit teils positiv, teils negativ wahrgenommen werden.

Einflussfaktor Relativer Vorteil

Die *Idee einer Kreislaufwirtschaft* wird nach den Erfahrungen der Experten grundsätzlich sehr gut aufgenommen (M. G., Z. 99-102; T. J., Z. 22-24). Insbesondere das dem Konzept zugrunde liegende *positive Menschenbild*, welches den Menschen als nützlichen Bestandteil des Ökosystems versteht, begeistere viele Menschen (Exp1, Z. 111-113; M. G., Z. 102-104; K. H., Z. 19-21; T. J., Z. 18-21). Dies lässt sich laut der Experten vor allem durch die gegenwärtig stark dominierende Schädlingsansicht des Cradle-to-Grave-Systems, die den Menschen als Schädling betrachtet und die Notwendigkeit asketischer Lebensstile propagiert, begründen (M. G., Z. 102-104; K. H., Z. 116-117; D. P., Z. 165-166):

> *„Ich glaube, das Vorschreiben, wie man Dinge zu tun hat, ist ein schwieriger Sachverhalt. Daher würde ich sagen, dass Cradle to Cradle in der Bevölkerung, wenn es einmal verstanden wird, viel besser ankommt, als der übliche Ökologismus, der Verzicht predigt, das menschliche Verhalten insgesamt anprangert und auch Schuldigkeit zuweist"* (T. J., Z. 216-220).

Viele Menschen würden demnach die Abkehr vom gängigen Ansatz des Schuldbewusstseins und der Verzichtspredigt begrüßen (M. G., Z. 102-104; K. H., Z. 116-117; T. J., Z. 216-220; D. P., Z. 165-166). Im Gegensatz zu anderen Nachhaltigkeitsansätzen werde das Konzept als *innovativer Ansatz mit wirtschaftlichem Potenzial* eingestuft, welcher, im Falle einer erfolgreichen Umsetzung, ein grünes Wachstum ermöglichen könnte, was insbesondere in Unternehmerkreisen geschätzt werde (Exp1, Z. 111-121; J. F., Z. 110-120):

> *„Bisher hieß Nachhaltigkeit immer, weniger zu tun, zu haben oder zu verbrauchen. Und Cradle to Cradle ist ein Ansatz, der im Prinzip kapitalistisches Denken mit Nachhaltigkeit verbindet. Und deswegen verstehen auch immer mehr konventionelle Unternehmer, dass es vielleicht auch eine Chance ist"* (J. F., Z. 117-120).

Der Cradle-to-Cradle-Ansatz eröffne dadurch die Möglichkeit einer Zusammenarbeit mit der Industrie in den Bemühungen um eine nachhaltige Entwicklung, statt wie viele andere Ansätze vorwiegend als Widersacher der Industrie aufzutreten (J. F., Z. 172-175). Darin sieht Jörg Finkbeiner ein besonderes *Potenzial für zukünftige Veränderungsvorhaben* (ebd.).

Darüber hinaus werde die *gesunde Materialienauswahl* der Produkte für Mensch und Umwelt sowie deren integrierter Zusatznutzen (Öko-Effektivität) überwiegend positiv aufgefasst (M. G., Z. 99-101; J. K., Z. 65-67). Speziell die *Vorstellung einer abfallfreien Welt* stoße vielfach auf Begeisterung, was nach Ansicht der Experten vermutlich daran liegt, dass sie der Realität in Gänze widerspricht (M. G., Z. 99-102; T. J., Z. 282-284; J. K., Z. 39-42; D. P., Z. 148-149).

Einflussfaktoren Komplexität, Erprobbarkeit und Wahrnehmbarkeit
Wie die folgenden Aussagen zeigen, sehen einige Experten ein Problem in der *Verwendung des englischen Konzeptnamens* Cradle to Cradle (Exp1, Z. 154-158; K. H., Z. 14-19; T. J., Z. 355-359; D. P., Z. 112-116):

> *„Denn der Name Cradle to Cradle selbst ist in Deutschland ein sperriger Begriff. Ich bekomme ganz viel Feedback, dass der Name keine Bilder weckt, zumindest wenn es um Öffentlichkeitsarbeit mit Firmen, Regierungsorganisation und Gewerkschaften etc. geht. In der Wirtschaft ist der Begriff sperrig"* (K. H., Z. 14-19).

> *„Auf gesellschaftlicher Ebene stoßen wir nach wie vor auf sehr viel Unverständnis. Nicht im Sinne von: ,Wir verstehen nicht, warum ihr das macht', sondern ,Wir verstehen gar nicht, was das ist'. Der englische Begriff Cradle to Cradle ist da nicht förderlich"* (T. J., Z. 325-327).

Viele Menschen könnten sich unter dem Begriff Cradle to Cradle nichts vorstellen. Der Anglizismus sei insbesondere für die älteren Generationen schwer verständlich (K. H., Z. 14-19; D. P., Z. 112-116). Auf die Auswirkungen des englischen Konzeptnamens auf die Kommunikation des Ansatzes, die von einem Experten thematisiert wird, wird in Bezug zum Faktor Kommunikation noch einmal genauer eingegangen (Exp1, Z. 154-158). Des Weiteren erschwere die Komplexität und die *Vielzahl von spezifischen Begrifflichkeiten*, die ein wesentlicher Teil des Konzepts sind, die Vermittlung der Inhalte (J. F., Z. 36-39; 124-129; K. H., Z. 70-72; D. P., Z. 121-122). Dies wird in der folgenden Anmerkung deutlich:

> *„Es wird in seiner Komplexität nicht verstanden. Und deswegen gibt es so eine Zurückhaltung. Es hat mit Recycling zu tun, das haben viele verstanden, aber da ist auch schon Schluss. Und es kommen ja noch Begriffe wie zum Beispiel Upcycling, Downcycling, Diversität, Biodiversität und solare Energie und so weiter dazu. Das Ganze als Gesamtkonzept zusammenzufügen, ich glaube, das haben viele einfach*

noch nicht so ganz verstanden und sind daher zurückhaltend" (J. F., Z. 124-129).

Wie schwierig es sei, *ein grundlegendes Verständnis* des Cradle-to-Cradle-Ansatzes in der Bevölkerung zu schaffen, zeige die Tatsache, dass dies, einer starken Medienpräsenz zum Trotz, bisher nicht gelungen sei (K. H., Z. 70-72). Insbesondere der *gesamtgesellschaftliche Ansatz* des Konzepts sei schwer greifbar, da er sich im Gegensatz zu anderen Ansätzen einer simplen Aufschlüsselung entziehe (J. F., Z. 94-101):

> *„Wenn man das zum Beispiel mit der DGNB, der deutschen Gesellschaft für nachhaltiges Bauen, vergleicht, wo ja anhand eines Punktesystems genau nachgewiesen werden kann, dass ein Gebäude eine Goldzertifizierung verdient hat, ist das natürlich auch für den Laien begreifbar. Cradle to Cradle ist da ein Stück weit abstrakt. Cradle to Cradle hat einen philosophischen und einen gesamtgesellschaftlichen Ansatz, der einzelne Fragen nicht so simpel herunterbricht. Meiner Ansicht nach geht das auch nicht. Und deswegen ist es auch ein bisschen schwerer verständlich"* (J. F., Z. 94-101).

Im Rahmen der Umsetzung werde der ganzheitliche Ansatz des Konzepts in seiner Komplexität als zu hoch und deshalb in seiner Erprobbarkeit als zu gering eingeschätzt (J. F., Z. 83-84; 149-154; D. P., Z. 174-180). Da man das Konzept nicht problemlos in Teilaspekte herunterbrechen und erproben könne, erfordere eine Implementierung die Umgestaltung diverser Unternehmensprozesse (ebd.). Schon die Analyse der Produktchemikalien stelle für sich genommen einen überaus komplexen Vorgang dar (D. P., Z. 329-331). Hinzu komme, dass, wie bereits erläutert, eine starke Kommunikation erforderlich sei, um dem Kunden die Besonderheit und die Zusammenhänge des Konzepts zu vermitteln (J. F., Z. 149-154).

Die wahrgenommene Komplexität der notwendigen Veränderungsprozesse führe in vielen Fällen dazu, dass das Konzept als nicht praxistauglich und utopisch eingestuft werde (M. G., Z. 43-77; D. P., Z. 107-109.; M. S.-S., Z. 65-77).

> *„Kritiker halten es für ausgeschlossen, dass die Weltwirtschaft jemals in ihrer Gänze nach C2C-Kriterien funktionieren könnte. Unseren gesamten Stoffwechsel mit der Natur nach C2C-Kriterien neu organisieren zu wollen, klingt zugegebenermaßen größenwahnsinnig. Und die Herausforderungen, vor denen wir stehen, könnten in der Tat kaum größer sein. Im Grunde sprechen wir bei Cradle to Cradle von nichts Geringerem als von der vierten industriellen Revolution, von gesellschaftlichen Umwälzungen, die etwa vergleichbar sein dürften mit jenen, die mit der Verbreitung der Dampfmaschine, der Elektrifizierung und der Digitalisierung einhergegangen sind. Da ist es nicht verwunderlich, dass einige angesichts der Größe der Aufgabe vorauseilend resignieren. [...] Kritiker bestreiten [...], dass sich der gesamte Produktionssektor auf diese Weise ausgestalten lässt“ (M. S.-S., Z. 65-77).*

Bezüglich der produktbezogenen Faktoren kann demnach festgehalten werden, dass nach Einschätzung der Experten die Mehrzahl der konzeptionellen Teilaspekte (wie beispielsweise die unschädliche Materialauswahl, Kreislaufansätze und das positive Menschenbild) als vorteilhaft eingeschätzt wird. Seine inhaltliche Komplexität in Verbindung mit der Verwendung zahlreicher Anglizismen hingegen erschwert das Verständnis des Konzepts. Das Erfordernis komplexer Umstrukturierungsprozesse wirkt abschreckend auf viele Akteure, auch deshalb, weil es Schwierigkeiten bei der Erprobbarkeit suggeriert. Aufgrund des geringen Verständnisses des Konzepts und seines bisher nur unzureichenden Bekanntheitsgrades, ist seine Wahrnehmbarkeit, trotz Medienpräsenz, bisher sehr gering ausgeprägt.

4.3 Adopterspezifische Faktoren

Einflussfaktor sozioökonomische Charakteristika

Viele Menschen könnten sich unter dem Namen Cradle to Cradle nichts vorstellen, insbesondere ältere Menschen würden den Begriff nicht verstehen (K. H., Z. 14-19; D. P., Z. 112-116). Hinzu komme, dass vor allem in der Kriegs- und Nachkriegsgeneration Eigentum als Statussymbol noch immer stark verankert sei und der Übergang zu einer sozialen Praktik des Teilens somit erschwert werde (K. H., Z. 152-154).

Darüber hinaus sind die jüngeren Generationen nach den Erfahrungen von Katja Hansen (Z. 45-48; 143-147) der traditionellen Umweltdebatte nicht so sehr verhaftet wie die der 40-60 Jährigen, die diese Thematik erst in den gesellschaftlichen Blickpunkt gerückt haben. Aus diesem Grund seien jüngere Generationen eher bereit, diese neu zu definieren und neue Lösungswege wie das Cradle-to-Cradle-Konzept anzunehmen (ebd.). Ferner bereiteten ihnen die im Konzept verwendeten Anglizismen weniger Probleme (K. H., Z. 21-23).

Einflussfaktor Unsicherheiten

Aufgrund des hohen Neuheitsgrades des Cradle-to-Cradle-Konzepts bestünden diverse Unsicherheiten bezüglich dessen Umsetzung und den zu erwartenden Marktbedingungen, was derzeit viele Firmen davon abhalte, den Ansatz zu implementieren (Exp1, Z. 124-142; J. F., Z. 70-72; T. J., Z. 168-172; A. K., Z. 94-96; J. K., Z. 16-21). Die Umsetzung erfordere unter anderem die *Einführung neuer Geschäftsmodelle* (ein Teilaspekt stelle zum Beispiel das zu integrierende Servicekonzept dar), die gegenwärtig noch vielfach außerhalb der Vorstellungskraft lägen und diverse ungelöste betriebswirtschaftliche sowie rechtliche Fragen eröffneten (M. G., Z. 91-94; A. K., Z. 196-198). Insbesondere die Unsicherheiten über das *Ausmaß der Wertschöpfungskettenumstellung* zur Realisierung eines kreislauffähigen Designs führten zu einer hohen Risikowahrnehmung und stellten eine Hürde für den Implementierungsprozess dar (M. G., Z. 79-81; K. H., Z. 99-104; A. K., Z. 75-78; J. K., Z. 16-21).

> *„Aus meiner Sicht ist das viel größere Problem der Aufnahme dann, wenn man sich beginnt, mit dem Problem zu beschäftigen. Wenn man seine ganze Wertschöpfungskette durchgeht und sieht, wie groß- und kleinteilig das ist und welche Stoffe eingesetzt werden. Es müssen viele Informationen dazu beschafft werden, wo es bisher überhaupt keine*

> *Informationsbasis zu gibt. Es wird dann ein sehr komplexer Prozess. Vor dieser Aufgabe schrecken dann manche zurück"* (J. K., Z. 16-21).

Ferner stehe die Cradle-to-Cradle-Implementierung bezüglich der *Umsetzung geschlossener Kreisläufe gegenwärtig vor einer Henne-Ei-Problematik* (T. J., Z. 168-172). Einerseits erfordere die Kreislaufführung eine gewisse Quantität von Cradle-to-Cradle-Produkten, die bisher noch nicht erreicht werden könne (ebd.). Andererseits sei ein auf dem Cradle-to-Cradle-Konzept basierendes Wirtschaftssystem auf eine funktionierende logistische Grundlage angewiesen, die zum aktuellen Zeitpunkt noch nicht über bestehende Recyclingsysteme abgedeckt werden könne (ebd.).

International agierende Firmen stünden darüber hinaus vor dem Problem, dass weder eine globale Organisation noch einheitliche internationale Rahmenbedingungen existierten und somit eine standardisierte, global anerkannte Produktion von Cradle-to-Cradle-Gütern nicht möglich sei (Exp1, Z. 124-142). Nach Meinung eines Experten erschweren und verlängern voneinander abweichende Vorgaben der jeweiligen nationalen Organisationen die Arbeitsprozesse der Adoptoren:

> *„Es gibt eine ganz große Unsicherheit. Die ist wirklich massiv und existenziell für die Bewegung. Das ist die Tatsache, dass es keine internationale, keine globale Organisation gibt. Und dass es zwischen den amerikanischen, europäischen mittlerweile auch sogar schon zum Teil der asiatischen Organisationen Unterschiede in jeglicher Form gibt. Und das ganz massiv. Zum Beispiel hat das Unternehmen, das ich eben erwähnt hatte, eine große Präsenz in den USA. Die sind völlig verunsichert, weil sie, wenn sie in den USA mit der Cradle-to-Cradle-Organisation sprechen, andere Aussagen als in Deutschland oder in der Schweiz bekommen. Und das ist katastrophal. Also erst einmal, dass es eigentlich gar keine globale Organisation und somit keine universale Aussage ist, sondern bisher eher national und dann, dass es doch scheinbar von unterschiedlichen Interessensgruppen getrieben ist. Das ist eine Katastrophe. Das ist wirklich etwas, was uns auch hier im Haus permanent beschäftigt, weil wir auch relativ viel in den USA*

zu tun haben. Und wenn wir mit den USA reden, müssen wir unsere Argumentationen teilweise gegenüber dem, was wir hier tun, anpassen und verändern. Und das kann nicht sein. [...] Das ist echt ein heikles Thema und auch innerhalb der Community auf der Industrieseite ein gaaaaanz kritischer Punkt. Es ist ein ganz kritischer Punkt, dass man plötzlich ohne Vorwarnung aus Amerika, die immer noch die technische Überprüfung der Artikel vornehmen, Vorgaben bekommt, die mit europäischen Situationen überhaupt nicht erfüllbar sind. Und die werden dann, nachdem man Widerspruch einlegt, zum Teil über Hamburg, wieder zurückgezogen. Und jetzt rede ich von technischen Fragen, Inhaltsstoffen und so weiter. Und das verunsichert massiv" (Exp1, Z. 124-147).

Neben den Aspekten bezüglich der Umsetzung des Cradle-to-Cradle-Konzepts werden auch diverse Unsicherheitsfaktoren bezüglich der zu erwartenden *Marktbedingungen* und *Wirtschaftlichkeit* aufgeführt (J. F., Z. 169-170; J. K., Z. 43-48). Es bestehe die Frage, inwieweit sich Cradle-to-Cradle-Produkte am Markt überhaupt durchsetzen könnten (ebd.). Bisher sei vor allem fraglich, wie die Reaktionen der Konsumenten ausfallen würden beziehungsweise ob ihr Problem- und Verantwortungsbewusstsein soweit ausgeprägt ist, dass es in einer aktiven Nachfrage münden könnte (T. J., Z. 196-197; J. K., Z. 48-49).

Weitere Unsicherheitsfaktoren in unternehmerischen Kreisen würden der stark ausgeprägte *Widerstand der Fürsprecher der Effizienzstrategie* (A. K., Z. 86-88) sowie etwaige zukünftige gesetzliche Vorgaben bilden, die eine solche Produktionsform möglicherweise verpflichtend einführen könnten (J. K., Z. 50). Ferner wird die Presseberichterstattung im Jahre 1995 rund um die *Vorwürfe der vermeintlichen Vorteilsnahme und Vetternwirtschaft*[8] gegen Monika Griefahn (damals als niedersächsische Umweltministerin tätig) angeführt, welche unter Politikern bis heute zu Skepsis und Unsicherheit führe (Exp1, Z. 276-279).

---

8   Die 1995 (o. A. 1995, 27-28) erhobenen Vorwürfe der Vorteilnahme und Vetternwirtschaft gegen Monika Griefahn erwiesen sich als ungerechtfertigt (SORGE 2012, 3).

Einflussfaktor Wirtschaftlichkeit, Preis und Kosten
Wie bereits herausgestellt, wird dem Konzeptansatz in vielen Fällen ein *wirtschaftliches Potenzial* zugeschrieben (Exp1, Z. 111-121; J. F., Z. 110-120). Inwiefern die *Wirtschaftlichkeit im konkreten Anwendungsfall* gegeben ist, *gelte jedoch als unsicher* (J. F., Z. 169-170; J. K., Z. 43-48). Der *finanzielle Aufwand*, der mit einem Umstrukturierungsprozess einhergehe, wird nach den Erfahrungen der Experten in der Regel sehr hoch eingeschätzt (M. G., Z. 81-88; J. F., Z. 77-78; A. K., Z. 94-96). Dies resultiere jedoch nicht nur aus der wahrgenommenen Komplexität des Konzepts, sondern sei ferner auf eine unzureichende Kostenrechnung zurückzuführen, wie die folgende Anmerkung verdeutlicht (M. G., Z. 81-88):

> *„Bei vielen beinhaltet das im Kopf immer noch, dass es zu teuer ist, ohne dabei zu bedenken, dass bei einer positiven Auswahl von Materialien drei Elemente wegfallen. Erstens: es gibt bestimmte Arbeitsschutzschritte, die wegfallen, weil man eben zum Beispiel nicht mit irgendwelchen giftigen Materialien arbeitet. Zweitens gibt es unter Umständen weniger Materialien, die in dem Zusammenhang dann genutzt werden müssen, das heißt, man hat weniger Lager- und Transportprobleme. Und drittens, besteht ja auch ein Mehrwert, wenn man es tatsächlich immer wieder verwenden kann und das Material, in welcher Form auch immer, zu einem wieder zurückkommt, weil man das Produkt nicht neu irgendwo herholen muss"* (M. G., Z. 81-88).

Einflussfaktor Notwendigkeit von Verhaltensänderung (unternehmensbezogen)
Abgesehen von den zahlreichen Unwägbarkeiten führt nach Einschätzung einer Expertin auch die im Rahmen eines Umstellungsprozesses bestehende *Notwendigkeit einer umfassenden Verhaltensänderung* häufig zu Bedenken und Ablehnung (J. K., Z. 14-15; D. P., Z. 174-178).

> *„Ich denke, dass Leute sehr gerne in ihrem Trott bleiben und Cradle to Cradle bedeutet schon eine Gesamtumstellung der Produktionsprozesse. Das ist manchmal für viele zu viel"* (D. P., Z. 176-178).

Ausgehend von den Einschätzungen der Experten bleibt festzuhalten, dass bezüglich des Konzepts diverse Unsicherheiten kursieren. Die erforderliche Einführung neuer Geschäftsmodelle und eine vollständige sowie langfristige Umsetzung der gesamten Wertschöpfungskette werfen viele rechtliche und betriebliche Fragen sowie Zweifel hinsichtlich der Machbarkeit auf. Überdies sehen sich Pioniere des Konzepts derzeit bei der logistischen Umsetzung mit einer Henne-Ei-Problematik konfrontiert. In Kombination mit den Unsicherheiten bezüglich zukünftiger Marktbedingungen (gesetzliche Vorgaben, Konsumentenverhalten, Nachfrage etc.) wird die Implementierung des Konzepts als risikoreich angesehen, da der finanzielle Aufwand und der erzielbare Gewinn schwer abzuschätzen sind. Weitere verunsichernde Faktoren sind divergente Vorgaben der Cradle-to-Cradle-Organisation, der starke Widerstand der Effizienzfürsprecher und die zu Unrecht erhobenen Vorwürfe der Vorteilnahme und Vetternwirtschaft gegen die damalige niedersächsische Umweltministern Monika Griefahn. Die Notwendigkeit einer umfassenden Verhaltensänderung wirkt in einigen Fällen abschreckend. Hinsichtlich der sozioökonomischen Charakteristika lässt sich nach Einschätzung der Experten ein Einfluss des Alters feststellen. Anglizismen stellen eine ernsthafte Verständnisbarriere für die älteren Generationen dar. Überdies sind ältere Generationen nach Einschätzung der Experten sowohl der traditionellen Umweltbewegung als auch dem Besitztum stärker verhaftet als die jüngeren Generationen.

4.4 Einflussfaktor Kommunikation

Die Kommunikation des Konzepts wird von allen Experten als ein essenzieller Bestandteil des Adoptionsprozesses eingestuft. In Deutschland hätte man aus strategischen Gründen mit dem *Aufbau von Kommunikationsstrukturen* lange Zeit gewartet und *erst nach der Etablierung des Konzepts in anderen Ländern damit begonnen*. Einige Experten sehen darin sogar eine Ursache für vorhandene Entwicklungsrückstände Deutschlands im internationalen Vergleich (M. G., Z. 80-86; T. J., Z. 138-145; 359-362).

„Wir haben uns zuerst auf die Niederlande, Schweden, Österreich, Schweiz, Polen, Frankreich konzentriert, weil es einfach historisch nicht gut wäre, wenn das Konzept aus Deutschland käme. Es ist nur eine strategische Frage, sich zuerst in Ländern wie diesen zu engagieren, die von den USA aus auch schnell zu beeinflussen sind, denn ich habe das mit meinen Kollegen zunächst einmal in den USA integriert. Und in Deutschland erst, nachdem das in den anderen Ländern akzeptiert wurde" (M. G., Z. 80-86).

Die bisherigen *Kommunikationsmaßnahmen seien unzureichend* und würden nicht dazu beitragen, dem Konzept die gebührende Aufmerksamkeit in der Öffentlichkeit zu verschaffen. Die bestehende Nischenposition des Ansatzes werde dadurch bestätigt (Exp1, Z. 343-347; A. K., Z. 115-116; T. J., Z. 158-160; 208-209; M. S.-S., Z. 11-25).

Bekanntheitsgrad
Generell bemängeln die Experten den geringen *Bekanntheitsgrad des Konzepts* und dessen bestehende Positionierung in Expertennischen (Exp1, Z. 314-319; T. J., Z. 158-160; A. K., Z. 115-116; M. S.-S., Z. 11-25). Auch wenn die Bekanntheit, insbesondere in den letzten Jahren, leicht gestiegen sei, sei der Cradle-to-Cradle-Ansatz derzeit weder den Konsumenten noch der Mehrheit der Entscheidungsträger und Nachhaltigkeitsexperten bekannt (Exp1, Z. 314-319; A. K., Z. 115-116; M. S.-S., Z. 12-20).

„Obwohl es eine eingeführte Marke und Organisation ist, fühle ich mich bei gut informierten Menschen immer noch so, als wäre ich Bestandteil eines Startups. Die sagen dann: ‚Was ist das denn, davon habe ich noch nie gehört. Kenne ich nicht'. Das kann natürlich nicht sein, wenn es so etwas schon seit über 20 Jahren gibt. Es kann doch nicht sein, dass man Entscheider, die man braucht, noch über alles informieren muss. Da ist noch nicht einmal ein ‚Habe ich schon mal was von gehört'" (Exp1, Z. 314-319).

> *„Meine Erfahrung ist, dass C2C von der Mehrheit der Menschen weder abgelehnt noch angenommen wird, vielmehr haben sie keine Ahnung, was C2C überhaupt ist. Das trifft interessanterweise auch auf ansonsten gut informierte Zeitgenossen zu. Mir ging es ja nicht anders. Bis Januar 2011 hatte ich überhaupt keine Ahnung von C2C, obwohl ich mich, angeregt durch Robert Jungk, schon seit 1990 mit ‚nachhaltiger Entwicklung' beschäftige. In den letzten vier Jahren hat sich der Bekanntheitsgrad von C2C etwas erhöht, was sehr erfreulich ist. Allerdings müsste das Konzept noch sehr viel bekannter werden, um echte Durchschlagskraft zu entfalten. [...] Leider ist es selbst unter Experten noch immer weitgehend unbekannt"* (M. S.-S., Z. 11-20).

Der geringe Bekanntheitsgrad erschwere die Implementierungsarbeit der Firmen und führe darüber hinaus dazu, dass Cradle to Cradle selbst *von Pionieren nicht ins Unternehmensmarketing aufgenommen* und bisher nur in seltenen Fällen als Verkaufsargument genutzt werde (Exp1, Z. 76-79; 99-107; J. F., Z. 47-51; 56-60; A. K., Z. 210-211).

> *„Und das andere ist, dass es darauf ankommt, wie man das Cradle-to-Cradle-Verfahren darstellt. Wir gehen zu einem Neukunden und verkaufen ihm einen (...Firmenproduktname). Sie haben für so ein Gespräch maximal 15-20 Minuten Zeit und müssen dann schon nach fünf Minuten spüren, ist Cradle to Cradle überhaupt ein Thema? Wenn ja, können Sie fünf Minuten darauf verwenden. Wenn nein, müssen Sie es gar nicht mehr erwähnen"* (Exp1, Z. 99-107).

> *„Es gibt bestimmte Märkte, zum Beispiel große Fluggesellschaften, die übernehmen das Cradle-to-Cradle-Konzept, nennen es aber nicht. Die übernehmen es auch nicht komplett, aber die Denkweisen werden dann zumindest in Teilen implementiert. Was auch gut so ist, der Weg ist das Ziel. Aber sie weigern sich, es beim Namen zu nennen. Das ist auch ein bisschen schwierig, finde ich"* (Exp1, Z. 85-89).

Kommunikatoren

Neben dem von Braungart gegründeten Umweltforschungs- und Beratungsinstitut EPEA, dessen Mitarbeitern und den Hauptprotagonisten der Bewegung nennen die Experten als wichtigsten Kommunikator den *Verein Cradle to Cradle – Wiege zur Wiege e. V.*, welcher mehr und mehr die führende Rolle bei der Popularisierung des Konzepts übernehme (J. F., Z. 22-25; 143-147; 204-205; T. J., Z. 87-90; D. P., Z. 193-194; M. S.-S., Z. 102-105). Der Verein habe bereits seit seiner Gründung erheblich zu einem erhöhten Bekanntheitsgrad, gesteigertem Interesse und mehr Akzeptanz des Konzepts beigetragen (J. F., Z. 22-25; K. H., Z. 72-76; T. J., Z. 145-147; D. P., Z. 193-194; M. S.-S., Z. 102-105).

> *„Die Gründung des C2C e. V. war ein wichtiger Schritt hin zur Entwicklung neuer Kommunikationsstrukturen, die Bekanntheit und Akzeptanz von C2C erhöhen werden. Durch virtuelle Kommunikation im Internet und Basisarbeit in den Regionalgruppen vor Ort könnte mit der Zeit eine richtige ‚C2C-Bewegung' entstehen, um die irgendwann auch die traditionellen Medien keinen Bogen mehr machen können"* *(M. S.-S., Z. 102-105).*

Insbesondere der vom Verein organisierte Kongress in Lüneburg im November 2014, habe zu einem erhöhten Öffentlichkeitsinteresse sowie zu einem Abbau von Vorurteilen geführt (J. F., Z. 204-205; 268-270; T. J., Z. 145-147; D. P., Z. 193-194; M. S.-S., Z. 110-112).

Tim Janßen hebt in diesem Zusammenhang hervor, dass der Cradle-to-Cradle-Bewegung vor der Gründung des Vereins eine Organisation gefehlt habe, welche die Thematik auch im gesellschaftlichen Rahmen diskutiert und die Integration des Konzepts abseits von Wirtschaft und Wissenschaft fördert (T. J., Z. 87-90). Dieser fachunspezifische Ansatz des Vereins ermögliche die Einbeziehung vielfältiger gesellschaftlicher Akteure, privater und institutioneller Natur (J. F., Z. 143-147; M. S.-S., Z. 110-112).

Die Öffentlichkeitsarbeit sei in Deutschland bisher vorwiegend von EPEA und den Hauptprotagonisten der Bewegung durchgeführt worden, was von vielen Experten als problematisch eingestuft wird (Diese Problematik wird an späterer Stelle dieses Kapitels dargestellt.) (K. H., Z. 202-205). Der Verein solle deshalb künftig vermehrt eine von Personen losgelöste Öffentlichkeitsarbeit übernehmen (K. H., Z. 72-76).

> *„Auch das ist einer der herausragenden Punkte des Cradle-to-Cradle-Vereins. Diese Loslösung von einer Personenbehaftung zu einer Darstellung des Konzepts als Denkschule, die von vielen Menschen vertreten und dargestellt werden kann"* (K. H., Z. 202-205).

Ein großes Augenmerk liege auch auf dem Auf- und Ausbau von Netzwerken mit anderen Organisationen bzw. wirtschaftlichen, institutionellen und politischen Akteuren (T. J., Z. 148-149; 132-135).

Obwohl die Cradle-to-Cradle-Entwicklung durch die Gründung des Vereins erheblich gefördert worden sei, werden die bestehenden Kommunikationsstrukturen um das Cradle-to-Cradle-Konzept von den Experten überwiegend als unzureichend eingestuft und von Monika Griefahn sogar als größte Schwachstelle der Implementierung betrachtet (Exp1, Z. 172-177; J. F., Z. 49-56; M. G., Z. 127-130; K. H., Z. 68; 276-280; T. J., Z. 157; A. K., Z. 116-117; D. P., Z. 196-198). Von den Hauptprotagonisten werde das Konzept in Deutschland bisher *kaum medienwirksam kommuniziert* und auch in den sozialen Medien sei Cradle to Cradle bisher kaum präsent (Exp1, Z. 349-351; K. H., Z. 199-201). Michael Braungart sieht das größte Problem in der Implementierung dagegen vorwiegend in der Materialbasis der derzeitigen Produktion und nicht in der Kommunikationsstrategie des Konzepts (M. B., Z. 92-92). Laut Katja Hansen lag die Zuständigkeit für die *übergreifende Öffentlichkeitsarbeit in der Vergangenheit vorwiegend bei EPEA und den Hauptprotagonisten*. Dies habe sich nachteilig auf den gesamten Implementierungsprozess ausgewirkt, da EPEA ebenfalls für die Ausführungen anderer Aufgabenbereiche verantwortlich gewesen sei (Z. 79-85). Die Entwicklung einer diversifizierten Kommunikationslandschaft sei somit wünschenswert und in ersten Ansätzen durch die Entstehung des Vereins bereits angestoßen (K. H., Z. 276-280).

Der *hohe Stellenwert, den der Hauptprotagonist derzeit in den Kommunikationsstrukturen* einnimmt, bringt nach Meinung der Experten sowohl Vorteile als auch Nachteile für den Adoptionsprozess mit sich. Einerseits wird der Hauptprotagonist als wichtiger und erfolgreicher Schlüsselakteur des Implementierungsprozesses eingestuft (**Change Agent**), der inhaltlich und rhetorisch begeistern kann (Exp1, Z. 92-97; 201-206; J. F., Z. 132-138; J. K., Z. 13-14; D. P., Z. 50-52).

> *„Er ist jemand, der einen wirklich mit seinen Vorträgen mitreißen kann. Und ich halte ihn für ABSOLUT wichtig für die Organisation und für das ganze Konzept" (Exp1, Z. 201-206).*

> *„Alle die [ihn] irgendwo mal erlebt haben, sind begeistert. Und deswegen weiß ich tatsächlich noch nicht, inwieweit seine Person bei manchen Entscheidungen wirklich wichtig ist. Es sind also gar nicht NUR die inhaltlichen Dinge, sondern auch die Überzeugung und die Art und Weise, wie er seine Idee vorträgt. Die ist teilweise WIRKLICH entscheidend bei manchen Unternehmern oder Geschäftsführern" (Exp1, Z. 92-97).*

Andererseits könne beispielsweise seine Abwesenheit aufgrund der zentralen Rolle, die er derzeit im Kommunikations- und Implementierungsprozess spiele, zu großen Problemen führen (Exp1, Z. 206-207; M. G., Z. 129-133; M. S.-S., Z. 178-180). Die starke Verknüpfung des Konzepts mit seiner Persönlichkeit wird, vor allem langfristig betrachtet, als problematisch gewertet (Exp1, Z. 206-207; M. G., Z. 129-133; M. S.-S., Z. 178-180). Da die Kommunikation bisher überwiegend auf seiner privaten Initiative gründe, könne sie nur punktuell und damit unzureichend durchgeführt werden (M. G., Z. 129-133). Eine breitere Aufstellung der Kommunikation wird demnach als wünschenswert erachtet (Exp1, Z. 206-207; M. G., Z. 129-133; M. S.-S., Z. 178-180). Darüber hinaus würden personennah geführte Organisationen in Deutschland nicht selten mit Argwohn betrachtet, was auch in Bezug auf Cradle to Cradle zutreffe:

> *„Und das Zweite ist, dass es in Deutschland gegenüber Organisationen, die auf ein paar einzelne Personen zugeschnitten sind, scheinbar ziemliche Vorbehalte gibt. Also persönliche Führerschaften. Wenn Sie in die politische und historische Entwicklung der Grünen Partei gehen, sehen Sie, dass man Joschka Fischer als starke Führungsposition in den Anfängen dann vor ca. 25 Jahren durch eine parteiliche Revolution nicht mehr haben wollte, weil das Format einer personenbezogenen Organisation nicht mit dem Selbstverständnis der Grünen zusammengepasst hat"* (Exp1, Z. 207-212).

> *„Cradle to Cradle ist markenrechtlich [...] geschützt. Und im Prinzip bewertet und zertifiziert [...] EPEA die Produkte. Und ich habe schon öfter gehört, dass das einen Beigeschmack hat und manche sagen, dass man sich die eigenen Aufträge generieren würde"* (J. F., Z. 153-156).

Die starke Verknüpfung zu einer Person führe tendenziell zur fälschlichen Annahme, dass man das Konzept nicht unabhängig von dieser implementieren könne und generiere zum Teil Ablehnungshaltungen (D. P., Z. 122-126). Überdies falle die sehr offensive und teils polarisierende Bewerbung des Konzepts nicht bei allen Institutionen auf fruchtbaren Boden (J. F., Z. 129-132).

Hinsichtlich seiner Rolle im Cradle-to-Cradle-Implementierungsprozess bestehe demnach ein Dilemma, das von einem Experten wie folgt zusammengefasst wird:

> *„Das ist eine Dilemma-Situation. Für die Kommunikation und die Bekanntmachung der Marke ist die eine Person gut. Aber für die Implementierung und für das operative Geschäft ist es aus unserer Sicht eher hinderlich"* (Exp1, Z. 212-214).

Ein Experte führt darüber hinaus an, dass der kommunikative Umgang mit den zu Unrecht erhobenen Vorwürfen der Vorteilnahme und Vetternwirtschaft gegen die Hauptprotagonisten die Entwicklung in Deutschland ebenfalls nachteilig beeinflusst (Exp1, Z. 363-376). In den Augen des Experten ist die bisher verfolgte Kommunikationsstrategie, diese Anschuldigungen nicht offen zu thematisieren, kontraproduktiv und führt lediglich zu einer Verstärkung der medialen Wirkung (Exp1, Z. 363-368). Da die Anschuldigungen zu Unrecht ausgesprochen und bereits widerrufen worden seien, wäre ein offener Umgang mit den Vorwürfen nach Ansicht des Experten möglich und gleichzeitig für eine positive Veränderung der Entwicklung in Deutschland notwendig (Exp1, Z. 365- 376). Mittels einer offenen und transparenten Kommunikation bestehe die Möglichkeit, das Misstrauen zu mindern, und die Vermarktung und Implementierung des Cradle-to-Cradle-Konzepts zu fördern (J. F., Z. 154-158).

Strategie

Neben den Schwierigkeiten, die sich aus dem geringen Bekanntheitsgrad und der engen Verknüpfung des Konzepts mit seinen Hauptprotagonisten ergeben, verweisen die Experten auch auf spezifische Herausforderungen in Bezug auf die Kommunikationsstrategie. Die Steigerung des Bekanntheitsgrades allein sei nicht ausreichend, wenn das Konzept an sich nicht verstanden werde. Inwieweit das Konzept verständlich vermittelt werden könne, stelle somit einen ganz entscheidenden Faktor für den Adoptionsprozess dar (M. G., Z. 215-219; K. H., Z. 270-273; D. P., Z. 310-315). Sei die *Verständnishürde* erst genommen, so könnten sich, der Erfahrung der Experten nach, viele Menschen für das Konzept begeistern (M. G., Z. 12-13; K. H., Z. 12-14; J. K., Z. 13-14). In der Öffentlichkeit werde Cradle to Cradle jedoch in der Regel als Produktdesignkonzept oder in einigen Fällen auch als Moralthema missverstanden (M. G., Z. 185-187; D. P., Z. 310-315). Zum Zwecke der Korrektur dieses Images wird eine ganzheitliche, sowohl technische als auch soziokulturelle Aspekte beinhaltende Kommunikation gefordert, welche das Konzept als „Lebensphilosophie" darstellt, die einen gesamtgesellschaftlichen Entwicklungsprozess impliziert (M. G., Z. 215-219; D. P., Z. 310-315).

> *„Was ganz wichtig ist, ist, dass man versteht, dass diese-Wiege-zur Wiege-Innovation viel, viel mehr ist als ein Produktkonzept. Das ist eine Lebensphilosophie. Das bedeutet nicht nur, Qualitätsprodukte, sondern das bedeutet auch, sein gesamtes Tun nach einer anderen Denkweise auszurichten. Eine Denkweise, die positiv mit Stoffströmen umgeht. Es hat also auch etwas mit sozialen Aspekten zu tun"* (D. P., Z. 310-315).

Ebenfalls unklar sei die *Positionierung des Konzepts in Bezug zur Nachhaltigkeitsdebatte*, die nach Meinung von Katja Hansen (Z. 87-90; 270-273) in der Überzeugungsarbeit schlüssiger herausgearbeitet werden sollte. Eine stärkere Etablierung des Cradle-to-Cradle-Ansatzes in der Umweltbewegung würde laut Katja Hansen (Z. 261-262) und Tim Janßen (Z. 160-161) eine hilfreiche Basis für den Adoptionsprozess schaffen. Der Unterschied zu anderen Umweltkonzepten und somit das „Neue" an dem Konzept werde in der Öffentlichkeit mehrheitlich nicht korrekt rezipiert und führe nicht selten zu dessen Ablehnung (M. G., Z. 20-22; J. F., Z. 249-251; D. P., Z. 83-87). Beispielsweise würden Unterschiede zum bestehenden Recyclingsystem sowie verwendeter Siegel zur Materialienauswahl nicht erfasst werden (M. G., Z. 20-22; D. P., Z. 83-87).

Wie bereits im Abschnitt zu den Eigenschaften des Konzepts dargestellt, beeinträchtigen die *Komplexität* und die *Vielzahl der spezifischen Begrifflichkeiten* vermutlich das Konzeptverständnis und den Implementierungsprozess (J. F., Z. 36-39; 124-129; K. H., Z. 70-72; D. P., Z. 121-122). Insbesondere der Konzeptname Cradle to Cradle wird innerhalb Deutschlands als kommunikative Hürde gesehen (Exp1, Z. 154-167). Laut eines Experten fördert der gewählte *Anglizismus* zum einen die Nischenverhaftung in Fachkreisen (Exp1, Z. 164-167), zum anderen arbeite er der Vereinheitlichung der Kommunikation entgegen und hemme die Etablierung des Konzepts als Expertenmarke:

> *„Ja, es gibt da einen Punkt, der ärgert mich wirklich. Und ich sehe das auch in der Kommunikation mit Kunden und mit Lieferanten und ei-*

gentlich auch in der Branche. Das Erste ist der Name der Organisation ‚Cradle to Cradle‘. Es ist immer noch nicht verständlich. Dann sagt man etwas von der ‚Wiege zur Bahre‘ und ‚Wiege zur Wiege‘. Da kommen die unterschiedlichsten Übersetzungen bei raus, wenn man mal zuhört. Das ist das Erste. Das Zweite ist, keiner weiß, wie man Cradle to Cradle richtig schreibt. Das sind wirklich ganz banale Sachen, die total wichtig sind. Und wie soll man die Kommunikation vereinheitlichen, wenn das noch nicht einmal klar ist und man noch nicht einmal weiß, wie man für die Marke eine richtige Kommunikation durchführen kann: Wiedererkennbarkeit vom Marketing und so weiter. Das ist einfach ein massiver Nachteil. Das ist wirklich ein großer Nachteil. Ich frage mich nur, ob man es ein bisschen smarter als ‚Cradle to Cradle‘ nennen kann, damit es zu einer Expertenmarke und wirklich mal zu einer Konsumentenbezeichnung wird“ (Exp1, Z. 154-164).

„Weil wir viele der Sachen von Cradle to Cradle im englischsprachigen Bereich entwickelt haben, fehlt es uns manchmal an wirklich guten Begriffen. Das fängt bei Cradle to Cradle selbst an, aber auch in der Beschreibung vieler Konzepte und Begrifflichkeiten. Da könnte noch ein bisschen Wortschmiederei stattfinden, die das greifbarer für die Menschen macht, die kein Englisch sprechen“ (K. H., Z. 263-267).

Neben handfesten Hindernissen auf der sprachlichen, bestünden auch tiefergehende Verständnisprobleme auf der metaphorischen Ebene. So wird die *Kommunikation des Begriffs „Verschwendung“* von einigen Experten sehr diffizil eingeschätzt (M. G., Z. 32-35; T. J., Z. 75-78; D. P., Z. 269-272; M. S.-S., Z. 28-31). Das dem Begriff zugrunde liegende Verständnis im Rahmen des Cradle-to-Cradle-Konzepts wird in folgender Anmerkung deutlich:

„Und der Begriff Verschwendung ist in seiner tiefsten Art und Weise metaphorisch zu verstehen und auch nicht negativ konnotiert. Verschwendung wird verstanden als die Fülle, Schönheit und Nützlichkeit der Natur“ (T. J., Z. 78-81).

Wie das nachfolgende Beispiel zeigt, wird der Begriff in der Öffentlichkeit jedoch vielfach missinterpretiert und mit der Verschwendung von Ressourcen gleichgesetzt (M. G., Z. 32-35; M. S.-S., Z. 28-31):

> *„Solche Kritiker übersehen den markanten Unterschied zwischen der ‚kreativen Verschwendung von Ressourcen‘, dem Grundprinzip der sexuellen Selektion in der Natur und der ‚unkreativen Vergeudung von Ressourcen‘, etwa: die ‚Entsorgung‘ wichtiger Rohstoffe in giftigen Sondermülldeponien" (M. S.-S., Z. 28-31).*

Die zahlreichen Interpretationsmöglichkeiten des Begriffs und die Tatsache, dass sowohl Fürsprecher als auch Gegner die Begrifflichkeit zur Polemisierung und Polarisierung nutzen, hätte zu einer Verschwendungsdebatte rund um das Cradle-to-Cradle-Konzept geführt. Die daraus erwachsende Auseinandersetzung mit Vertretern der Postwachstumsökonomie und Effizienzstrategie führe in vielen Fällen zu Skepsis und Ablehnung (M. G., Z. 32-42; T. J., Z. 75-78; 80-86; D. P., Z. 269-272).

> *„Verschwendung wird verstanden als die Fülle, Schönheit und Nützlichkeit der Natur und das wird gerne überhört. Da machen es sich die Gegner genauso leicht wie die Fürsprecher, weil es genauso catchy ist, zu sagen: ‚Wir verschwenden einfach‘, wie es auch catchy ist, zu sagen: ‚Wir hassen Verschwendung‘" (T. J., Z. 80-83).*

> *„In der Postwachstumsökonomie stößt man auf Widerstand, weil deren Credo lautet ‚viel weniger von dem, was wir tun‘. Das steht aus unserer Sicht aber dem C2C-Credo ‚egal was, es muss für Kreisläufe und gesund hergestellt werden‘ eigentlich nicht entgegen" (T. J., Z. 71-73).*

Geeignete Mittel, um den mannigfaltigen Verständnisdefiziten entgegenzuwirken, sehen die Experten vor allem in *professionellem Marketing* (Exp1, Z. 319-3125; M. G., Z. 135-144; D. P., Z. 198-201), der *Integration von Promotoren positiver Beispiele* (J. F., Z. 87-93; J. K., Z. 187-191) sowie die *Entwicklung dieser Beispiele* (J. F., Z. 101-107; K. H., Z. 205-207; T. J., Z. 306-309).

„Und dann gibt es auf der anderen Seite den Verein, der die Bildungs-
perspektive voranbringt und sagt, dass das Denken geändert werden
muss, damit wir überhaupt in diesem gesellschaftlichen Kontext anders
denken können. […] Aber das ist ein viel langwierigerer und mühsa-
merer Prozess, als wenn es so eine millionenteure Marketingkampagne
gäbe, um Cradle to Cradle richtig in die Öffentlichkeit zu bringen. Da-
für hat keiner Geld. Und es ist so, dass in unserer Gesellschaft eben mit
solchen Kampagnen wirklich durchaus Gedanken geändert werden"
(M. G., Z. 135-144).

„Wenn man sich die Kommunikation und Bewerbung von Bayersdorf-
Produkten anschaut, so etwas wünsche ich mir für Cradle to Cradle.
Dass es eine Marke wird. Dass man sich damit gut fühlt und dass man
das einfach positiv wahrnimmt. Da sind wir noch etwas von entfernt"
(D. P., Z. 198-201).

Einer der Experten stellte in diesem Zusammenhang explizit die *fehlende*
Systematik in den bisherigen Kommunikationsansätzen heraus:

„Ich halte sie deswegen für nicht gut, weil sie nicht systematisch er-
kennbar ist. Wenn man die Kriegssprache nimmt, beschränkt sie sich
auf viele Einzelschüsse. Es wird überall mal hin geschossen, manch-
mal auch einfach in den Nebel, man wird schon irgendjemand treffen"
(Exp1, Z. 172-177).

Die bisherige Kommunikation beschränkt sich seiner Auffassung nach
größtenteils auf die Business-to-Business-Kommunikation (B2B) und klam-
mert die Ansprache der Konsumenten und des Handels, zwei essenziellen
Zielgruppen, bisher aus. Insbesondere der Handel, dessen ökonomisches
Gewicht in Deutschland nicht unterschätzt werden solle, nehme demnach
eine Schlüsselrolle in der Endverbraucherkommunikation ein (Exp1, Z. 182-
193). Ohne dessen Einbezug bleibe ein wichtiger Kommunikationszugang
zum Endverbraucher ungenutzt und erschwere den Adoptionsprozess des
Cradle-to-Cradle-Konzepts (Exp1, Z. 185-191):

„Und ein zentrales Problem in Deutschland ist, dass man auch versuchen muss, den Konsumenten, also den Menschen am Ende, zu erreichen. Durch die jetzige Kommunikation wird das überhaupt nicht gemacht. Es ist eigentlich eine reine B2B-Kommunikation. Und wenn man sich die Kommunikation und die Kontakte, die Michael Braungart macht, wenn er sein Netzwerk ausbaut, anschaut, sind das sehr häufig industriell orientierte Unternehmen. Es kommt schon relativ selten vor, dass er auch mal mit Dienstleistern, wie zum Beispiel der Deutschen Bahn, redet, aber es kommt so gut wie nie vor, und das ist für mich der entscheidende Punkt, dass er mit den großen wichtigen Handelsorganisationen in Kontakt steht. Und wenn ich den Konsumenten erreichen will, brauche ich die Handelsorganisationen. Denn die sind in Deutschland als Lobby so dermaßen stark, dass man es kaum schafft, etwas durchzuziehen, wenn man die nicht auf seiner Seite hat. Unsere Kunden sind selber wieder Hersteller und sie brauchen die nächste Stufe, den Handel, um auch die Eigenschaften ihrer Produkte mitzutransportieren. Und wenn der Handel blockt, können wir uns hier untereinander alles Mögliche ausdenken, aber es wird nicht weitertransportiert. Und aufgrund fehlender Budgets wird es erst recht nicht weiter bis runter zum Endverbraucher transportiert. Und das ist in Deutschland ein wirkliches Problem. Das ist in Amerika zum Beispiel wirklich anders. In Amerika sind auch Handelsorganisationen oder zumindest große Organisationen mit einbezogen, die die Budgets haben und die Endverbraucherwerbung machen. Das haben wir in Deutschland einfach noch gar nicht" (Exp1, Z. 174-193).

Ein weiteres Problem der derzeitigen Zielgruppenselektion der Cradle-to-Cradle-Kommunikation liege in dem hohen Anteil der Rezipienten, die bereits in der Umwelt- beziehungsweise Nachhaltigkeitsbranche aktiv oder für diese Themen zu begeistern seien und schon über diverse Kenntnisse in diesen Bereichen verfügten. Die erwünschte Breitenwirkung der Kommunikation bleibe aus, wie folgendes Beispiel illustriert:

> *„Wir sind einfach noch zu sektiererisch. Wir drehen uns in derselben Soße. Wir kommen zu wenig nach draußen. Die Veranstaltungen, die Michael Braungart macht, die treffen meistens wieder nur auf Leute, die so oder so schon vom großen Gedanken infiziert sind und vielleicht nur noch nicht von seiner konkreten Idee. Es wird Zeit, dass man die Idee nach draußen trägt"* (Exp1, Z. 343-347).

In den Augen des Experten wäre es notwendig, ein öffentlichkeitswirksames Exempel außerhalb des Nischenmarktes zu statuieren und damit verbundene Multiplikationseffekte nutzbar zu machen (Exp1, Z. 220-224).

Bisher fehle der Organisation jedoch das Geld für ein professionelles Marketing und die Konzeptionierung und Umsetzung wirksamer Kampagnen (M. G., Z. 141-143; A. K., Z. 118-120). Langfristiges Ziel sollte laut Anmerkung des folgenden Experten dennoch sein, das nötige Budget zu akquirieren, um die bestehenden Marketingansätze zu professionalisieren:

> *„Und das ist echt erschreckend. Ich komme aus der Marketingbranche und deswegen finde ich, es wird Zeit, dass ein vernünftiges Marketing gemacht wird. Und das sollte nicht hemdsärmelig selber gemacht sein und das sage ich mit allem Respekt, auch nicht von den Praktikanten, die dort arbeiten, sondern es müsste wirklich eine richtig tolle Top-Agentur sein, die sich selber gut damit verkauft, sich selber ein Marketing mit diesem Kunden macht. Und die das auf eine gute, smarte, passende Art und Weise vertreibt. Dafür braucht man ein vernünftiges Budget"* (Exp1, Z. 319-325).

Um die Kommunikation des Konzepts zukünftig zu erleichtern und verständlicher zu gestalten, würden vor allem *mehr praktische Beispiele* benötigt (J. F., Z. 101-107; K. H., Z. 205-207; T. J., Z. 306-309). Diese könnten eine wirkungsvolle Überzeugungsarbeit hinsichtlich der Praktikabilität des Konzepts leisten:

> *„Ich kann aber nicht genug betonen, wie wichtig es ist, auch die Beispiele zu haben. Das ist eine ganz wichtige Sache, die so ein Konzept als praktisches Konzept darstellt und von Religionsanwandlungen abgrenzt, wo es als der eigene Glaube gehandhabt wird"* (K. H., Z. 205-207).

Jörg Finkbeiner schreibt der geographischen Nähe der Beispiele eine große Bedeutung für ihre Nutzbarkeit zu (J. F., Z. 101-107). Seiner Erfahrung nach erleichtern Architekturexempel aus den USA die Kommunikation des Konzepts in Deutschland nur bedingt (ebd.).

Überdies wird auch das besondere Potenzial von Promotoren dieser Beispiele für die Kommunikation und Überzeugungsarbeit herausgestellt (J. K., Z. 87-93; 187-191).

> *„Ein guter Vortrag von Michael Braungart oder ein gut gemachter Dokumentarfilm kann Interesse wecken für das Projekt. Aber das, was dann überzeugt, bezogen auf die unternehmerische Umsetzung, sind natürlich Promotoren und Promotorinnen, die selbst so einen Prozess schon durchgemacht haben und aus der eigenen Erfahrung überzeugend sagen können: ‚Das kannst du managen, das kannst du schaffen'"* (J. K., Z. 89-93).

Zwei Experten wünschen sich für die zukünftige Kommunikation eine *verstärkte Herausstellung spezifischer Cradle-to-Cradle-Eigenschaften* (Exp1, Z. 238-247; J. K., Z. 180-185). Die Auswahl der Eigenschaften, die zur Unterstützung des Implementierungsprozesses deutlicher herausgearbeitet werden sollten, fallen hierbei sehr unterschiedlich aus. Um das Konzept „aus der grünen Ecke" (Exp1, Z. 348) herauszuführen und dessen Wirtschaftlichkeit herauszustellen, bedarf es laut eines Experten insbesondere der Hervorhebung ökonomischer und technischer Innovationseigenschaften:

> *„Man müsste es meiner Meinung nach noch mehr schaffen, das Cradle-to-Cradle-Konzept auch als eine technische und ökonomische Innovation darzustellen, was es ja auch in einem gewissen Sinne ist. […]*

> *Je teurer die Materialien sind, die man einsetzt, umso größer ist auch der ökonomische Verlust, den man hat. Wenn ich Wege finden kann, um diesen Ansatz zu vermeiden, habe ich eine Margenverbesserung und damit einen ökonomischen Vorteil. Und dazu hat auch die Cradle-to-Cradle-Denkweise beigetragen. Und das müsste man gerade in Deutschland noch viel stärker kommunizieren. Das heißt weniger die philosophischen Aspekte und den Gutmensch-Gedanken, sondern wirklich die ökonomischen Aspekte"* (Exp1, Z. 238-240).

Vor dem Hintergrund der hochaktuellen Ressourcenproblematik bedürfe es überdies einer stärkeren Herausstellung der ressourcenschonenden Eigenschaften des Cradle-to-Cradle-Ansatzes (Exp1, Z. 249-253). Johannes Katzan dagegen ordnet diese Schwerpunktsetzung bereits der derzeitigen Kommunikationsstrategie zu. Seiner Einschätzung nach bedarf es einer stärkeren Betonung der sozialen Aspekte, die bisher in der gelebten Cradle-to-Cradle-Philosophie und -Praxis nicht so sehr im Mittelpunkt stehen (J. K., Z. 180-185).

Die den Einflussfaktor der Kommunikation betreffenden Einschätzungen der Experten lassen sich wie folgt zusammenfassen: Der Faktor Kommunikation stellt einen entscheidenden Bestandteil des Adoptionsprozesses dar, wurde aber bis dato nicht annähernd entsprechend seines Potenzials eingesetzt. Obwohl die Arbeit des Vereins den Bekanntheitsgrad des Konzepts bereits erfolgreich steigern konnte, ist dieser dennoch nach wie vor zu gering ausgeprägt. Die bisherigen Kommunikationsmaßnahmen haben überdies zu keinem ausreichenden Verständnis des Konzepts geführt. Die Bedeutung und der Unterschied zu bestehenden Nachhaltigkeitsansätzen sind für die Akteure vielfach nicht greifbar. Eine professionelle Marketingkampagne ist in diesem Zusammenhang wünschenswert, kann jedoch derzeit aufgrund eines mangelnden Budgets nicht umgesetzt werden. Die Kommunikationsarbeit lastet gegenwärtig zu sehr auf den Schultern der Hauptprotagonisten und dem Umweltforschungs- und Beratungsinstitut EPEA, was zum einen deren Kapazitäten erschöpft, zum anderen nicht bei allen Rezipienten auf fruchtbaren Boden fällt. Zur Verbesserung der Kommunikationsarbeit sollen die Zielgruppen des Handels und der Endkonsumenten verstärkt angesprochen werden. Vor dem Hintergrund der ungerechtfertigten Vorwürfe gegen die Hauptprotagonisten aus dem Jahr 1995 soll künftig offensiver und transparenter kommuniziert werden. Außerdem werden, einzelnen Experten zufolge, soziale und ökonomische Aspekte noch zu wenig herausgestellt. Die Einbindung erfolgreicher Pioniere als Multiplikatoren hat großes Potenzial, ebenso wie die Entwicklung und Verwendung praktischer Beispiele.

4.5 Einflussfaktor Makroökonomisches Umfeld

Wie sich bereits bei der Darstellung der Kommunikationsmechanismen herauskristallisierte, sprechen die Experten *Praxisbeispielen* großes Potenzial in Bezug auf ihre kommunikative Wirkung zu. Auch für die Beschleunigung der unternehmerischen Umsetzung ordnen sie diese als essenzielle Katalysatoren ein (Exp1, Z. 193-197; M. G., Z. 240-241; J. F., Z. 147-149; 271-272; K. H., Z. 205-210; 243-245; A. K., Z. 238-239; J. K., Z. 187-190). Der kommunikative Effekt dieser Beispiele kann laut Katja Hansen jedoch erst jetzt vollständig ausgeschöpft werden, da die Entwicklung von Pionierbeispielen zunächst seine Zeit beansprucht hat (K. H., Z. 208-210). Best-Practise-Beispiele besäßen zwar das Potenzial, die bestehenden Vorbehalte gegenüber dem Konzept und dessen Praktikabilität abzubauen (J. F., Z. 107-108), die Cradle-to-Cradle-Entwicklung stecke jedoch noch immer in den Anfängen. Somit fehlten wichtige Praxisbeispiele sowie Marketingimpulse, die genutzt werden könnten, um den Adoptionsprozess weiter anzuschieben (A. K., Z. 210-211; 238-239; Exp1, Z. 76-79; 99-107; J. F., Z. 47-51; 56-60).

Um Cradle to Cradle öffentlich als Zukunftsstrategie zu positionieren und um zu beweisen, dass auch internationale Wertschöpfungsketten nach diesem Prinzip umgestaltet werden können, wären vor allem *Key-Player* und *Beispiele in der Massenmarktproduktion nötig* (Exp1, Z. 193-197; M. G., Z. 240-241; J. F., Z. 147-149). Bisherige Vorzeigebeispiele beschränkten sich derzeit vorwiegend auf Nischenplayer. Unsicherheiten bezüglich der Realisierbarkeit einer internationalen Wertschöpfungskettenumstellung ließen sich somit nicht ausräumen (Exp1, Z. 193-197; J. F., Z. 147-149). Im Hinblick auf diese Thematik betont Jörg Finkbeiner (Z. 66-69) die besondere Bedeutung der Entwicklung neuer, die wirtschaftlichen Vorteile des Konzepts betonender Geschäftsmodelle (Einführung neuer Dienstleistungs- und Serviceproduktkonzepte). Dies sei mit bisherigen Ansätzen, über die man selbst in den Niederlanden bisher nicht hinauskam, noch nicht erreicht worden (J. F., Z. 66-69). Tim Janßen (Z. 125-132) sieht Wirtschaftsinstitutionen aufgrund des wirtschaftsliberalen Ansatzes des Konzepts als Treiber der Umsetzung. Trotz der aktuell steigenden Akzeptanz und Bekanntheit des Konzepts gestaltet sich die Einbeziehung von Wirtschaft und Industrie in den Implementierungsprozess weiterhin mühsam (D. P., Z. 325-327). Nach Meinung einiger Experten wird die Umsetzung in Deutschland unter anderem durch die *gegenwärtige Unternehmensstruktur* erschwert (M. G., Z. 152-163; K. H., Z. 236-238; J. K., Z. 157-158; D. P., Z. 56-59). Diese sei mehrheitlich von aktienorientierten und mittelständischen Unternehmen geprägt, was die Initiation einer Cradle-to-Cradle-Umsetzung verkompliziere (K. H., Z. 236-238; J. K., Z. 157-158). Insbesondere die gelebte Denk- und Wirtschaftspraxis der DAX-Unternehmen wirke sich kontraproduktiv auf die Implementierungsentwicklung aus (M. G., Z. 152-163). Im Gegensatz zu inhabergeführten Unternehmen seien diese für das Cradle-to-Cradle-Konzept schwerer zugänglich und unterlägen stärkeren Strukturzwängen (M. G., Z. 152-163; J. K., Z. 157-158; D. P., Z. 56-59). Die bestehende Quartalsorientierung impliziere eine kurzfristig ausgerichtete Denk- und Wirtschaftspraxis, die nicht mit dem Cradle-to-Cradle-Ansatz vereinbar sei und einer Implementierung zuwiderlaufe (M. G., Z. 152-163; M. S.-S., Z. 116-119). Diese kurzfristig ausgerichtete Wirtschaftspraxis wirke sich auch auf die bestehenden Praktiken der Kostenrechnung aus, die es nicht ermögliche, die wirtschaftlichen Vorteile einer Cradle-to-Cradle-Umsetzung herauszustellen. Wie aus folgendem Beispiel ersichtlich wird, erschwert dies die Überzeugungsarbeit stark:

> *„Wir sind davon überzeugt, dass es günstiger ist, wenn man es richtig rechnet, und können es eigentlich auch lückenlos nachweisen. Aber gerade bei einem Bauvorhaben beschränken sich die ganzen Budgetrechnungen sehr stark auf die Grundkonstruktion und beinhalten keine laufenden Betriebskosten, Folgekosten und Energiekosten. Man sagt: ‚Ich will das jetzt gebaut haben und was in fünf Jahren ist, das weiß*

kein Mensch'. Das ist aber sehr wohl notwendig, wenn man Cradle to Cradle implementieren will. Man muss es ganzheitlich sehen. Man muss einen ganzheitlichen Ansatz wählen und dazu muss ein Bauherr natürlich auch bereit sein" (J. F., Z. 77-84).

Obwohl Deutschland als zentrale Wirtschaftsmacht in Europa für Qualität stehe, werde eine Vorreiterposition bei Innovationen nur sehr zögerlich eingenommen (K. H., Z. 234-236). Monika Griefahn (Z. 121-126) führt an, dass sich die deutsche Unternehmenslandschaft darüber hinaus durch einen relativen geringen Anteil an Start-ups auszeichnet, was man als Indikator für eine *eingeschränkte Innovationstätigkeit* deuten könne. Aktuell sei jedoch eine steigende Anzahl an Start-ups in Deutschland zu verzeichnen, was sich positiv auf den Cradle-to-Cradle-Implementierungsprozess auswirken könnte (ebd.). Die zukünftige Wirtschaftsentwicklung sei auf einen verstärkten Innovationswillen angewiesen (D. P., Z. 225-228), denn aktuell werde der Prozess auch durch eine mangelnde Innovationsbereitschaft bezüglich Nachhaltigkeit gehemmt (J. K., Z. 140-142). Unternehmen, in denen die *Nachhaltigkeitsausrichtung von der Geschäftsführung* implementiert wurde, seien für den Cradle-to-Cradle-Ansatz leichter zugänglich als Unternehmen mit einer herkömmlichen Strategieausrichtung:

„Da, wo die Nachhaltigkeit von der Geschäftsführung zum Prinzip des Unternehmens erhoben wird, ist der Zugang deutlich einfacher. Wir haben festgestellt, dass es eine kleine Gruppe von Unternehmen gibt, die sehr offen für alle Arten von nachhaltigen Konzepten ist. Und innerhalb dieser Gruppe gibt es dann auch wieder einen Teil, der offen für das Cradle-to-Cradle-Konzept ist" (Exp1, Z. 23-28).

Darüber hinaus erwiesen sich insbesondere viele *Markenhersteller* aufgrund der integrierten Qualitätsphilosophie als kompetente und zugängliche Partner für den Implementierungsprozess (D. P., Z. 97-100).

Wie erfolgreich und mit welcher Geschwindigkeit der Cradle-to-Cradle-Ansatz in einem Unternehmen umgesetzt werden kann, hängt nach den Erfahrungen der Experten von vielen Faktoren ab. *Top-down-Ansätze* führen *in der Regel sehr viel schneller und effektiver* zu erfolgreichen Veränderungs-prozessen *als Bottom-up-Ansätze* (K. H., Z. 93-99; D. P., Z. 133-135). Des Weiteren sei es entscheidend, dass alle wichtigen Interessenvertreter eines Unternehmens in den Umsetzungsprozess involviert sind (K. H., Z. 90-93). Neben der Nachhaltigkeitsabteilung sollten beispielsweise auch die Kollegen aus den Bereichen Marketing, Produktdesign und Prozessoptimierung in den Prozess einbezogen werden (ebd.). Ferner zeigten bisherige Erfahrungen, dass eine erfolgreiche Realisierung des Cradle-to-Cradle-Konzepts mit höherer Wahrscheinlichkeit eintritt, wenn die *Umsetzung nicht nur in Sparten, sondern im gesamten Unternehmen erfolgt* (T. J., Z. 314-318). Ersteres scheint jedoch gegenwärtig überwiegend der Fall zu sein (Exp1, Z. 87-88; T. J., Z. 314-315). Wie folgende Beispiele illustrieren, wirkt sich dies erstens nachteilig auf die erreichbaren Skaleneffekte aus und erschwert somit eine effektive Umstellung, zweitens birgt diese Herangehensweise die Gefahr des Greenwashings, was dem Ruf des gesamten Konzepts schaden könnte:

„Es gibt Unternehmen, die nur bestimmte Produktbereiche umstellen und dadurch, betriebswirtschaftlich betrachtet, Skaleneffekte nicht erreichen können. Und ohne Skaleneffekte kriegen sie das nicht kosteneffizient genug umgesetzt, sodass die Cradle-to-Cradle-Produktion an sich teurer ist, obwohl sie es nicht unbedingt sein müsste. Es gibt auch Hinweise darauf, dass Unternehmen, die es strategisch umsetzen und ihren gesamten Betrieb auf eine Cradle-to-Cradle-Produktion umstellen, das auch auf der Kostenseite gut realisieren. Wohingegen andere, die das nur spartenweise machen, auf finanzieller Ebene Probleme zu haben scheinen“ (T. J., Z. 315-322).

„Oder aber auch bezogen auf einen Hersteller, der so ein Produkt anbietet, um sein Image zu fördern, um seine anderen schlechteren und weniger nachhaltigen Produkte weiterhin anzubieten. Das ist in gewisser Weise ein Risiko, wenn man es einem Unternehmen wie Philips durchgehen lässt, einen bestimmten Fernseher unter diesem Kriterium anzubieten, wenn das Unternehmen aber nicht im Ganzen diesem Ansatz folgt“ (J. K., Z. 50-59).

Ein weiteres Problem für die Cradle-to-Cradle-Implementierung stellt der in Deutschland stark *ausgeprägte Produktionssektor und die darin manifestierte Effizienzausrichtung* dar (J. F., Z. 164-169; M. G., Z. 229-235). Wie die folgende Anmerkung dokumentiert, lässt sich dadurch auch der Entwicklungsunterschied zu den Niederlanden erklären:

> *„Das hat mit der Nachhaltigkeitsstrategie der Bundesregierung zu tun. Ich glaube, viele andere Länder hatten nicht so etwas wie eine Nachhaltigkeitsstrategie, die sehr stark auf Effizienz ausgerichtet war, sondern waren offener dafür, was es alles gibt. Die Niederlande zum Beispiel, als ein rohstoffarmes Land, haben sich sehr früh Gedanken gemacht, wie sie eigentlich in Zukunft überleben können. Sie können eigentlich nur mit Dienstleistungen überleben. Die haben schon sehr früh Dienstleistungen angeboten, vor allem natürlich Dienstleistungen im alten Sinne. Das heißt Flugverkehr, Schiffsverkehr, Transportverkehr in Binneneuropa mit Lastwagen und Zügen. Aber sie haben natürlich auch früh daran gedacht: ‚Was gibt es denn sonst noch für Möglichkeiten für uns. Wir haben keine eigenen Rohstoffe, wir haben eigentlich nur unser Denken und unser Handeln‘. Und deswegen ist, glaube ich, in den Niederlanden auch die gesellschaftliche Stimmung da viel weiter. Weil einfach das Dienstleistungsdenken von dem Überlebenskampf der Gesellschaft schon viel eher da war. Die gesamte Gesellschaft hat eigentlich von Dienstleistung gelebt und nicht wie hier in Deutschland von Produktion, wo es mehr darum ging, die Effizienz in der Produktion einfach zu verwirklichen“ (M. G., Z. 222-235).*

Aufgrund der starken Exportorientierung sowie *global ausgerichteter Wertschöpfungsketten* erfordere eine Umstellung nach Cradle-to-Cradle-Kriterien vielschichtige organisatorische Prozesse und sei darüber hinaus mit hohen Investitionskosten verbunden (J. K., Z. 73-79). Die wahrgenommene Komplexität dieser Prozesse mindere gegenwärtig die Investitionsbereitschaft in Kreislaufansätze und stellt nach Meinung von Johannes Katzan das größte Hemmnis bezüglich der Produktion in Deutschland dar (J. K., Z. 147-152; D. P., Z. 22-24).

Zudem mindern die aktuell *niedrigen Rohstoffpreise* den Anreiz für einen nachhaltigen Umgang mit Ressourcen und folglich auch für eine Cradle-to-Cradle-Implementierung (M. G., Z. 89-90; J. K., Z. 133-134; M. S.-S., Z. 118-122). Steigende Rohstoffpreise und eine damit verbundene verstärkte Debatte über Rohstoffknappheit könnten für den Adoptionsprozess nach Meinung der Experten sehr förderlich sein (J. F., Z. 175-182; M. G., Z. 198-201; 224-229; K. H., Z. 166-169; M. S.-S., Z. 118-122).

> *„Ein anderes Problem besteht darin, dass wertvolle Rohstoffe oft so günstig sind, dass es sich für die Hersteller gar nicht lohnt, sie im Sinne einer C2C-Kreislaufwirtschaft wiederzuverwenden. Wären die Warenpreise ‚wahre Preise‘, also nicht systematisch verfälscht, beispielsweise durch staatliche Subventionen, gäbe es für die Unternehmen viel höhere Anreize, die Produktion nach C2C-Kriterien zu gestalten"* (M. S.-S., Z. 118-122).

Wie bereits im Kapitel Kommunikation herausgestellt, spielt auch der Handel für den Implementierungsprozess eine wichtige Rolle, wird aber nach Auffassung eines Experten bisher scheinbar nur begrenzt in die Praxisüberlegung mit einbezogen (Exp1, Z. 230-234). Albin Kälin stellt in diesem Zusammenhang heraus, dass der *Handel diese Entwicklung gegenwärtig blockiert* (A. K., Z. 255-258). Die Ursache hierfür sieht er vor allem in der Freiheitseinschränkung des Handels, die zwangsläufig mit einer Cradle-to-Cradle-Implementierung einherginge. Beispielsweise wäre ein Lieferanten- oder Produktwechsel nicht mehr wie bisher ohne Weiteres möglich (ebd.).

Ein weiteres Hindernis stelle die gegenwärtige Produktionspraxis dar (M. B., Z. 94-99; A. K., Z. 224-235; D. P., Z. 327-329). Wie folgendes Beispiel zeigt, blockieren viele Akteure den Implementierungsprozess, weil sie geneigt sind, die Aufdeckung ihrer zumeist schädlichen Materialbasis für Mensch und Umwelt zu verhindern:

> *„Wir beginnen mit Verpackungsinitiativen über die Firma Werner & Mertz, weil wir realisieren, dass die Verpackungsindustrie die Hausaufgaben nicht gemacht hat. Und viele blockieren [...], weil sie so viel*

Mist in ihre Produkte bauen, die sehr problematisch sind. Das sind solche Chemikalienkeulen oder -cocktails, da muss man eigentlich diese ganze Industrie infrage stellen. Wir haben zum Beispiel Joghurtbecher analysiert. Da sind 150 Chemikalien drin. Wir haben zum Teil Chemikalien gefunden, die in der Textilindustrie seit 20 Jahren in Europa verboten sind. [...] Jetzt verstehen Sie, warum die Industrie da nicht unbedingt nach Cradle to Cradle Hosianna und Halleluja ruft, weil es nämlich viele Dinge aufdeckt" (A. K., Z. 224-235).

Für die zukünftige Entwicklung des Cradle-to-Cradle-Adoptionsprozesses stellen Dagmar Parusel (Z. 180-182) und Katja Hansen (Z. 217-220) vor allem die *Chemie- und Abfallindustrie als wichtige strategische Partner* heraus, deren Kooperationsbereitschaft für die Umsetzung einer Kreislaufwirtschaft unerlässlich sei. Allerdings führe die im Konzept integrierte Downcycling-Kritik an der heutigen Recyclingindustrie gegenwärtig auch zu Skepsis und Ablehnung (A. K., Z. 50-51).

Es lässt sich festhalten, dass gegenwärtig vor allem Best-Practice-Beispiele von Key-Playern und großen Unternehmen benötigt werden, um die Praktikabilität einer internationalen Wertschöpfungskettenumstellung, neuer Geschäftsmodelle sowie deren Wirtschaftlichkeit unter Beweis zu stellen. Global orientierte Wertschöpfungsketten, die starke Produktionsausrichtung und die Unternehmensstruktur Deutschlands erschweren die Implementierung. Darüber hinaus besteht momentan aufgrund niedriger Rohstoffpreise sowie einer geringen Investitionsbereitschaft für Nachhaltigkeit und soziale Innovationen wenig Anreiz, das Konzept umzusetzen. Die erfolgreiche Umsetzung des Cradle-to-Cradle-Ansatzes erfolgte bisher vorwiegend in inhabergeführten und genuin nachhaltigkeitsorientierten Unternehmen. Ferner zeigen Erfahrungen, dass eine vollständige sowie langfristige Implementierung des Konzepts die Wahrscheinlichkeit eines wirtschaftlichen Nutzens zu steigern scheint und somit die endgültige Bestätigung der Adoption befördert.

4.6   Einflussfaktor Politisch-rechtliches Umfeld

Nach Einschätzungen einiger Experten besitzt das Cradle-to-Cradle-Konzept in Deutschland im Gegensatz zu anderen Ländern sehr geringen politischen Rückhalt (J. F., Z. 193-196; A. K., Z. 128-131). Während die Politik beispielsweise in den Niederlanden, in Dänemark und in Kalifornien die Umsetzung des Konzepts fördere und erste unterstützende Maßnahmen durchsetze, sehe sich die Bewegung in Deutschland noch immer einer großen politischen Opposition gegenüber (J. F., Z. 193-196; A. K., Z. 128-131). Bisher sei der Ansatz auf keiner politischen Agenda zu finden und werde im politischen Rahmen ausschließlich von Einzelpersonen vertreten (K. H., Z. 122-128). Die hiesige Bewegung zeichne sich überwiegend durch Bottom-up Prozesse aus (J. F., Z. 193-196). Die *kommunale politische Arbeit des Vereins* wird von einem Experten in dieser Hinsicht als förderlich eingestuft (Exp1, Z. 257-259). Während ein anderer Experte den *fehlenden politischen Rückhalt* weder als hemmenden noch als fördernden Faktor einstuft, sehen drei Experten darin einen wesentlichen Hinderungsfaktor für die Umsetzung einer Kreislaufwirtschaft nach Cradle-to-Cradle-Kriterien und ordnen die stärkere Einbindung der Politik als potenziellen Hebel zur Beschleunigung der Implementierung ein (Exp1, Z. 259-261; J. F., Z. 200-202; T. J., Z. 125-127; A. K., Z. 188-190; J. K., Z. 185-187; D. P., Z. 18-22). Neben einzelnen Politikern, wie beispielsweise dem Wirtschaftsminister von Nordrhein-Westfalen oder dem EU-Kommissar, die das Konzept in ihre politische Arbeit mit aufgenommen haben, sei gegenwärtig auch auf Landes- und Bundesebene ein zunehmendes Interesse an der Thematik zu beobachten (M. B., Z. 145-148; T. J., Z. 25-26; 107-110; D. P., Z. 233-234). Insbesondere in der EU-Politik ist laut Dagmar Parusel (Z. 223-224) eine verstärkte Akzentuierung auf Nährstoffzirkulierung zu verzeichnen.

Tim Janßen, Katja Hansen und Monika Griefahn weisen in diesem Zusammenhang jedoch darauf hin, dass trotz der steigenden Wahrnehmung des Konzepts in politischen Kreisen bisher noch keine ausreichenden gesetzlichen Grundlagen für die Implementierung geschaffen worden sind (M. G., Z. 164-172; K. H., Z. 128-137; T. J., Z. 123-125). Die Politik nehme die *Industrie nicht ausreichend in die Pflicht, wenn es um die Qualität ihrer Pro-*

dukte geht, wodurch kein Anreiz für eine Umstellung gegeben sei (A. K., Z. 188-190; D. P., Z. 231-233). Darüber hinaus kritisieren sie die *Absenz systematischer politischer Anreize zur Förderung von qualitativ hochwertigem Design*, wodurch die gesamte Innovationslast ausschließlich den Unternehmen aufgebürdet werde (K. H., Z. 134-137; M. G., Z. 164-172). Existierende Rücknahmegesetze seien zwar im Ansatz sinnvoll (M. G., Z. 164-172), dennoch fokussiere die grundlegende Ausrichtung der Umwelt- und Verbrauchergesetzgebung in erster Linie die Regulation und Minimierung vergangener Designfehler, anstatt qualitatives Design zu befördern, wie folgende Anmerkung verdeutlicht:

> „*Die meisten Aspekte in der Umwelt- und Verbrauchergesetzgebung gehen dahin, Umwelt und Verbraucher zu schützen. Wir versuchen also letztendlich, über Gesetze und Regulationen schlechtes Design zu minimieren. Das heißt, die gesamte Ausrichtung der rechtlichen Landschaft ist eine des Schützens vor falschen Entscheidungen, die in der Vergangenheit auch schon gemacht worden sind. Und ich sehe wenig und auf jeden Fall ZU wenig positive Anreize für gutes Produkt- und Prozessdesign und den Ansatz sich zu fragen: ‚Wie können wir eine positive Ausrichtung des menschlichen Fußabdrucks unterstützen?‘, anstatt nur zu versuchen, die, die irgendetwas schlecht machen, einzudämmen. Denn damit sind wir ja nicht so wahnsinnig erfolgreich gewesen*" (K. H., Z. 130-137).

Verschärfte politische Vorgaben zur Implementierung eines an Qualität ausgerichteten Designs könnten den Adoptionsprozess beschleunigen, da eine freiwillige Umstellung in einem profitorientierten System nicht unbedingt zu erwarten sei (Exp1, Z. 298-301; A. K., Z. 247-248; D. P., Z. 233-237). Eine stärkere Einbindung der Cradle-to-Cradle-Kriterien in die gesetzlichen Rahmenbedingungen, beispielweise durch Zulassungsbeschränkungen, könnte somit eine hilfreiche Maßnahme darstellen (Exp1, Z. 294-296; J. F., Z. 254-255; J. K., Z. 99-105).

Das in Deutschland bestehende *Kreislaufwirtschaftsgesetz* stellt nach Meinung von zwei Experten kein förderndes Element für die Implementierung einer nach Cradle to Cradle ausgerichteten Kreislaufwirtschaft dar, sondern wirke sogar hinderlich (K. H., Z. 179-187; A. K., Z. 135-138). Dennoch sei ein steigendes Interesse an einer Kreislaufführung nach dem Modell der Circular economy zu verzeichnen, welches an die Cradle-to-Cradle-Kriterien anknüpfe (K. H., Z. 179-187).

Johannes Katzan legt in diesem Zusammenhang die Problematik der bisher sehr *eingeschränkten Mitbestimmungsrechte der Betriebsräte* dar (J. K., Z. 21-22). Diese hätten zwar ein Bewusstsein für die Problematik, derzeit aber einen sehr geringen Einfluss auf die Produkt- und Innovationsplanung und somit ebenfalls einen stark limitierten Wirkungsgrad auf den Cradle-to-Cradle-Implementierungsprozess (J. K., Z. 21-22; 191-192). Die überwiegende Mehrheit der Unternehmer ordne das Recht auf Mitbestimmung hinsichtlich der Produktentstehung ausschließlich den Eignern des Unternehmens zu und schließe die Betriebsräte in der Regel gänzlich aus Entscheidungsprozessen aus (J. K., Z. 110-117). Bislang seien Geschäftsführer ausschließlich im Falle von veranlassten Sparmaßnahmen und einem geplanten Stellenabbau zu einer engeren Zusammenarbeit mit den Betriebsräten gezwungen, wodurch diese nur einen marginalen Einfluss auf Innovationsentscheidungen ausüben könnten (J. K., Z. 117-121). Um den Einfluss in Zukunft erweitern zu können, wäre es nach Meinung von Johannes Katzan notwendig, rechtliche Rahmenbedingungen für die Integration der Betriebsräte in die Produkt- und Innovationsplanung zu schaffen und diese nach Nachhaltigkeitskriterien auszurichten (J. K., Z. 121-126; 178-180).

Zwei Experten weisen auf die Problematik der bereits in den Kapiteln Adopterspezifische Faktoren und Kommunikation erwähnten *Vorwürfe der vermeintlichen Vorteilnahme und Vetternwirtschaft gegen die Hauptprotagonisten* der Cradle-to-Cradle-Bewegung und die damit einhergehende nachhaltige Rufschädigung hin (Exp1, Z. 261-287; A. K., Z. 149-158). Obwohl die Anschuldigungen zu Unrecht ausgesprochen und bereits widerrufen und entschuldigt worden sind, scheine die Affäre auch heute noch in politischen Kreisen präsent zu sein und führe unter politischen Entscheidern zu Verunsicherung (Exp1, Z. 265-283). Die Folge ist nach Meinung des Experten eine tendenziell verhaltene Implementierungsarbeit auf Seiten der beiden Hauptprotagonisten der Bewegung (Exp1, Z. 261-287). Sie erschwere die

Integration der politischen Ebene in den Cradle-to-Cradle-Implementierungsprozess in Deutschland, wie aus der nachfolgenden Einschätzung ersichtlich wird:

> *„Man muss auch die Bundesebene noch stärker mit einbeziehen. Ich habe den Eindruck, dass man da aufgrund der Historie [...] vielleicht ein bisschen mit angezogener Handbremse vorgeht. [...] Bei gut informierten politischen Entscheidern kommt das Thema relativ schnell hoch. Und das scheint in den politischen Strukturen ein echter Makel zu sein. [...] Das ist in Deutschland eine Tatsache, die man auch nicht wegnehmen darf. Die ist einfach da, solange es bei der Konstellation bleibt. Das wird wahrscheinlich auch noch länger dauern"* (Exp1, Z. 261-287).

Nach Meinung von Albin Kälin führte diese Historie zu einer Verlagerung der ersten Implementierungsansätze in den amerikanischen Markt, obwohl EPEA in Hamburg bereits gegründet worden war (A. K., Z. 149-156).

Nach Meinung von Katja Hansen (Z. 113-115) besteht eine weitere Problematik darin, dass eine notwendige Abgrenzung oder eine optimierte Einordnung des Cradle-to-Cradle-Konzepts in Bezug auf bisherige Nachhaltigkeitsstrategien in der Politik noch nicht vollzogen wurde. In diesem Zusammenhang weisen drei weitere Experten auf die Problematik der ebenfalls *in der politischen Praxis verankerten Effizienztheorie* und der dadurch in Deutschland stark vertretenen Opposition hin (J. F., Z. 196-199; A. K., Z. 130-133; M. S.-S., Z. 123-126; 161-163). Die politische Ablehnungshaltung gegenüber dem Cradle-to-Cradle-Ansatz und die derzeit obstruierende Politik begründe sich überwiegend in der Bevorzugung der Effizienzstrategie und führe zu verkomplizierenden gesetzlichen Rahmenbedingungen (ebd.), wie folgende Anmerkungen skizzieren:

> *„Ein deutschlandtypischer ökonomischer Faktor, der C2C behindert, ist sicherlich die starke staatliche Bezuschussung von Produkten und Services, die im Sinne des traditionellen ‚Tue-Buße-Ökologismus' ausgerichtet sind. Auf diesem Gebiet macht Deutschland schon seit Jah-*

ren das gut gemeinte Falsche noch etwas perfekter als andere Länder (M. S.-S., Z. 123-126). Die Überzeugungen des traditionellen Ökologismus wurden in vielerlei Verordnungen gegossen und die Kommunen haben viele Millionen Euro in entsprechende Projekte investiert. Selbstverständlich steht dies der Adoption des C2C-Konzepts entgegen – zumindest für eine gewisse Zeit" (ebd., 161-163).

„Wenn wir Häuser bauen, geht das strikt nach der Energieeinsparverordnung. Und innovativere Ansätze wie Cradle to Cradle werden im Prinzip durch staatliche Kredite nicht gefördert, weil die diesem Denken nicht entsprechen" (J. F., Z. 196-199).

Überdies wird angeführt, dass sich das Konzept aufgrund der Vielzahl beteiligter Akteure (J. F., Z. 254-264) und der im Konzept integrierten Komponenten (Design, Produktion, Recycling, …) keinem einzelnen Gesetz beziehungsweise Regelwerk wie beispielsweise dem Kreislaufwirtschaftsgesetz zuordnen lässt und somit diverse politische Einzelmaßnahmen und Gesetzesänderungen in verschiedenen Bereichen erforderlich wären (M. G., Z. 174-179). Nur eine *Enquetekommission könnte* ihrer Meinung nach die Aufgabe effektiv bewältigen und *umfassende politisch-rechtliche Änderungsvorschläge zur Förderung einer Kreislaufwirtschaft* nach Cradle-to-Cradle-Kriterien *erarbeiten* (M. G., Z. 172-180).

Zusammenfassend lässt sich feststellen, dass in Deutschland im Gegensatz zu anderen Ländern sehr wenig politischer Rückhalt für die Implementierung des Konzepts besteht. Obwohl das Interesse gegenwärtig zunimmt, wurde der Ansatz bisher auf keine politische Agenda gesetzt und steht darüber hinaus einer großen Opposition in den Ministerien gegenüber. Einige politische Ansätze wie zum Beispiel das Kreislaufwirtschaftsgesetz oder der auch in der Politik manifestierte Effizienzfokus stehen dem Cradle-to-Cradle-Adoptionsprozess entgegen. Aufgrund der fehlenden politischen Unterstützung liegt die Innovationslast somit derzeit ausschließlich bei den Unternehmen selbst. Wie bereits in Bezug zu anderen Einflussfaktoren herausgestellt, verkompliziert die Komplexität der notwendigen politischen Maßnahmen die Implementierung unterstützender politisch-rechtlicher

Rahmenbedingungen. Ferner scheint aufgrund der zu Unrecht erhobenen Vorwürfe wegen Vorteilnahme und Vetternwirtschaft gegen die Hauptprotagonisten eine verstärkte Zurückhaltung gegenüber dem Konzept zu bestehen.

4.7 Soziales System

Einflussfaktoren Problembewusstsein, kulturelle Praxis und Werte und Normen

Insbesondere in einer *verstärkten Ressourcendebatte* sehen die Experten ein förderndes Element für die Entwicklung von Cradle to Cradle (M. G., Z. 89-91; K. H., Z. 175-182). In der Arbeit des Cradle-to-Cradle-Vereins habe sich herauskristallisiert, dass der zunehmende mediale Diskurs über die globalen Herausforderungen die Diskussion um eine Kreislaufwirtschaft befördert (T. J., Z. 17-18). Sowohl die Rohstoffknappheit als auch die Volatilität der Rohstoffpreise schüfen in Industriekreisen neues Bewusstsein für die Materialproblematik und hätten bereits das Interesse an einer Circular Economy erhöht (K. H., Z. 175-182). In ihrer Gesamtheit erzeugen die zahlreichen Schreckensmeldungen in der heutigen Gesellschaft scheinbar eine *zunehmende Überdrüssigkeit* gegenüber kursierenden Umweltthematiken, wie das folgende Beispiel skizziert:

„Die Leute sind mittlerweile ermüdet von diesen Schreckensmeldungen. Hier Herbizide im Obst, da wieder Giftstoffe in Textilien. Man ist so hilflos und weiß nicht, was man als Verbraucher noch machen soll (D. P., Z. 93-96). Wir sind ein bisschen übermüdet durch den Ökobegriff. Jetzt ist es so, dass man trotz der Anstrengungen, die gemacht worden sind, um besser und gesünder zu leben, immer wieder an Grenzen stößt. Das ist bedingt durch das System, das diese Grenzen vorzeigt und nicht aufbricht. Und deswegen gibt es für die Gesellschaft auch immer wieder Hiobsbotschaften wie: ‚Hier musst du aufpassen. Da ist das Gift gefunden worden‘. Das ist eine Struktur der Unglaubwürdigkeit und ich glaube, dass sich die Leute auch so ein bisschen

> *gesellschaftlich verladen fühlen. Das ist nicht empirisch belegt, aber ich glaube, dass ein großer Teil der Leute einfach sagt: ‚Lass mich doch in Ruhe damit!' und dass diese Überdrüssigkeit daher kommt, dass wir auch immer wieder zu große Fehler gemacht haben"* (D. P., Z. 241-257).

Nach Michael Braungart ist es daher entscheidend, die bestehende Weltuntergangsdiskussion für Innovationen zu nutzen, statt den gesellschaftlichen Verdruss zu fördern (M. B., Z. 76-77).

Eine Erklärung für die teilweise bestehende Skepsis gegenüber dem Ansatz lässt sich laut zwei Experten unter anderem in der *langjährigen Geschichte der Umwelt- und Nachhaltigkeitsbewegung* finden (J. F., Z. 27-28; 244-248; K. H., Z. 31-35; 193-195). Im Gegensatz zu anderen Ländern hätten Umweltbewegungen und Umweltbewusstsein in Deutschland eine lange Tradition und nähmen auch gegenwärtig eine wichtige Rolle ein (J. F., Z. 244-248; K. H., Z. 193-195). Bestehende Nachhaltigkeitskonzepte hätten die Etablierung kollektiver Denksysteme gefördert, die teilweise sehr festgefahren erscheinen und dem Cradle-to-Cradle-Ansatz in einiger Hinsicht entgegenstehen (K. H., Z. 31-35). Insbesondere die tief in der Umweltbewegung verankerte *Effizienzstrategie* wird in diesem Zusammenhang in vielerlei Hinsicht als Hemmnis gesehen und als Erklärung für die verbreitete Skepsis in Deutschland herangezogen (M. B., Z. 21-22; 161-177; M. G., Z. 112-113; 222-224; J. F., Z. 244-248; K. H., Z. 193-195; T. J., Z. 160-162; 289-291; A. K., Z. 42-45; D. P., Z. 267-271; M. S.-S., Z. 84-91). Diese Grundausrichtung befördert nach Meinung von Tim Janßen eine Kultur, welche die Optimierung zahlreicher Systemkomponenten anstrebt, gleichzeitig jedoch versäumt, menschliches Verhalten zu hinterfragen und in dem für eine nachhaltige Entwicklung notwendigen Umfang zu modifizieren (T. J., Z. 265-267). Darüber hinaus stelle das Cradle-to-Cradle-Konzept die in Deutschland gelebte Nachhaltigkeitspraxis sowie die mit der Effizienztheorie verbundenen Werte und Normen in Frage (T. J., Z. 293-297; A. K., Z. 42-45; K. H., Z. 35-38). Diese dem Konzept inhärente Kritik an bestehenden Werten und Normen wird von einigen als Bedrohung des eigenen Lebensstils wahrgenommen, wie Michael Schmidt-Salomon in folgendem Beispiel ausführt:

> *„Wie ich bereits in meinem Referat in Lüneburg darlegte, verstößt C2C gegen einen tief verankerten psychischen Mechanismus, der für den traditionellen Ökologismus insbesondere in Deutschland charakteristisch ist. Ökologisch korrektes Verhalten wird bei uns nämlich gerne mit Verzicht und Buße assoziiert – keineswegs mit intelligenter Verschwendung oder gar Schönheit. Wer sich für eine intakte Natur einsetzt, der zieht oftmals einen nicht unwesentlichen Teil seines Selbstwertgefühls daraus, dass er zu der Gruppe jener Auserwählten gehört, die aus moralischen Gründen für eine bessere Welt leiden und durch Verzicht auf unökologische Konsumgüter stellvertretend für all die schrecklichen Dinge büßen, die wir Menschen der geschundenen Erde antun. Aus Sicht des klassischen Ökologismus birgt Cradle to Cradle daher eine große Gefahr: Wer jahrzehntelang Buße und Verzicht predigte, wer in mehlige Bioäpfel biss und sich selbst im Dienste einer besseren Zukunft Lust und Luxus versagte, will nun beim besten Willen nicht hören, dass dieser aufopferungsvolle Einsatz für die Katz gewesen sein könnte. Die zentrale C2C-Botschaft, dass es künftig gar nicht mehr darum gehen sollte, zu verzichten, sondern auf intelligentere Weise zu verschwenden, klingt für traditionell Ökologiebewegte wie ein Sakrileg – und das erklärt sicherlich zu einem guten Teil, warum die Reaktionen auf C2C in Deutschland bislang nicht gerade enthusiastisch waren"* (M. S.-S., Z. 84-99).

Gemäß der befragten Interviewpartner erfolgt aus diesem Verständnis heraus die Fehlinterpretation des im Konzept verwendeten Begriffs der Verschwendung, welcher bereits in Bezug auf die Kommunikationsaspekte des Konzepts in diesem Kapitel diskutiert wurde (M. G., Z. 32-35; 102-103; M. S.-S., Z. 26-31). Nach den Erfahrungen der Experten fühlen sich speziell die Akteure der Effizienzstrategie in ihren Überzeugungen missverstanden und lehnen eine Implementierung des Cradle-to-Cradle-Konzepts überwiegend ab (M. B., Z. 18-20; M. G., Z. 29-33; K. H., Z. 35-38; T. J., Z. 289-291; A. K., Z. 38-40). Akteure, die der Verzichts- und Reduktionsdebatte bereits überdrüssig geworden sind, scheinen dem Konzept hingegen wesentlich offener gegenüberzustehen (D. P., Z. 263-166).

Tim Janßen führt in diesem Zusammenhang die Problematik des bestehenden Dissenses zur Postwachstumsökonomie an, die speziell in der Quantitätsfrage ihre Wurzeln zu haben scheint (T. J., Z. 52-53; 71-75). Obwohl der vom Cradle-to-Cradle-Ansatz verfolgte Leitgedanke der Qualität nach Meinung des Experten nicht im Kontrast zu dem in der Postwachstumsökonomie verfolgten Leitgedanken der Quantitätsreduktion steht, werde dieser nicht als komplementärer Bestandteil wahrgenommen (ebd.). Dies kann seiner Meinung nach darauf zurückgeführt werden, dass das Cradle-to-Cradle-Konzept die Quantitätsfrage des Konsums offen lässt und die heutige Umweltdebatte in vielerlei Hinsicht sehr emotional geführt wird (T. J., Z. 71-75; 48-52). Eine rationalere Herangehensweise sowie die Differenzierung von bestehenden Problembereichen und deren Auslegung (soziologisch, ökologisch etc.) könnten die Integration des Ansatzes seiner Ansicht nach erleichtern (T. J., Z. 48-52; 67-70). Überdies sehen Tim Janßen und Katja Hansen die Notwendigkeit einer stärkeren Verankerung des Cradle-to-Cradle-Ansatzes in der deutschen Umweltbewegung, in welcher dieser bisher nur eine marginale Position einnimmt (K. H., Z. 261-262; T. J., Z. 160-161).

Als weiterer Einflussfaktor wird die starke *Technikorientierung* Deutschlands eingestuft (Exp1, Z. 49-55; 112-115; M. G., Z. 112-115; T. J., Z. 397-411). Zum einen wird in diesem Zusammenhang herausgestellt, dass eine Praktikabilität des Konzepts in einem starken Umfang mit seiner technischen Realisierbarkeit bewertet wird und aus heutiger Sicht oftmals allein darauf aufbauend als utopisch eingestuft wird (T. J., Z. 397-411). Zum anderen impliziere diese technische Orientierung, die auch der Effizienzstrategie unterliegt, die Ansicht, dass heutige globale Krisen ausschließlich mit technologischem Fortschritt zu bewältigen seien, und ließe dabei das Potenzial der Einbindung kultureller Veränderungsmodi außer Acht (M. G., Z. 112-115). Ein Konzept mit einem hohen philosophischen Anteil in Deutschland zu implementieren, werde daher auch zukünftig eine Herausforderung darstellen, wie aus folgender Anmerkung hervorgeht:

> *„Und wenn es darauf ankommt, tendiert Deutschland immer eher zu einer ganz sachlichen, nicht emotionalen technischen Lösung. Und dabei ist Cradle to Cradle als etwas eher Philosophisches nicht unbedingt an erster Stelle, um dies dann zu transportieren. Cradle to Cradle wird ja eher als eine philosophische Grundeinstellung gesehen. Es geht nicht so sehr, um das Zertifikat oder eine Lizenz, sondern es geht mehr um diese Grundeinstellung. Und da spürt man in den Unternehmen, dass in Deutschland die Zeit noch einfach nicht reif ist. Vielleicht wird sie aber auch nicht reif, weil Deutschland vielleicht für diesen Ansatz gar nicht vorbereitet ist"* (Exp1, Z. 59-64).

Erschwerend kommt nach Einschätzung des Experten hinzu, dass derzeitig bestehende globale Unsicherheiten eine technisch orientierte Innovationsauswahl zusätzlich begünstigen, da technische Lösungen zumeist einen schnelleren Erfolg versprechen (Exp1, Z. 234-238).

Zwei Experten weisen darauf hin, dass der kulturelle Aspekt der *deutschen Gründlichkeit* gegenwärtig erschwerend hinzukommt, den Effekt bisheriger linear und effizient ausgerichteter Wirtschaftsabläufe verstärkt sowie neue Innovationen erschwert:

> *„Ich kann das nicht genau belegen, aber ich habe den Eindruck, dass in der deutschen Kultur, auch auf wirtschaftlicher Ebene, die Prozessoptimierung im Allgemeinen einen hohen Stellenwert einnimmt. Es gibt viele Unternehmensbeispiele, die zeigen, dass in wirtschaftlichen Betrieben Prozesse en détail effizient strukturiert werden. Ich kann mir vorstellen, dass, wenn aus Effektivitätssicht das Ziel bereits in der Planung verfehlt wurde oder dort kein Ziel war, es dieser kulturellen Akribie in der Prozessoptimierung geschuldet ist, dass die Sachen dann auch wirklich gründlich optimiert werden"* (T. J., Z. 339-345).

> *„Es ist sicherlich ein Problem, dass wir bestehende Produkte haben, die hoch optimiert sind. Wenn Sie etwas Bestehendes so optimiert haben, dann ist die Innovation zunächst einmal schwierig auf den Markt zu kriegen"* (M. B., Z. 110-112).

Das Effizienzparadigma stelle ein essenzielles Hindernis für die Transformation von Denkmustern hin zu mehr Öko-Effektivität und Kreislaufwirtschaft dar und sei die Basis für das Unverständnis und die Ablehnung, die den Experten in ihrer täglichen Arbeit mit dem Konzept entgegenschlägt (M. G., Z. 22-24; J. F., Z. 220-228; T. J., Z. 221-225; A. K., Z. 52-55). In einigen Fällen fühlten sich Gesprächspartner sogar persönlich angegriffen und lehnten das Konzept ohne weitere Betrachtung der Fakten kategorisch ab (K. H., Z. 38-42; A. K., Z. 38-40). Innerhalb *linear orientierter Denksysteme* falle das Umdenken in Richtung einer Kreislaufsystematik schwer – die im Konzept integrierten Ansätze würden zudem als revolutionär wahrgenommen (T. J., Z. 221-225; A. K., Z. 52-55). Ein weiterer Faktor, welcher der Überwindung alter Denkmuster entgegenstehe, sei das der abendländischen Religion inhärente Konzept der Buße und Verzichtshaltung (M. B., Z. 139-141; D. P., Z. 267-271; M.S.-S., Z. 130-153). Wie Michael Schmidt-Salomon in der folgenden Anmerkung verdeutlicht, sei die deutsche Umweltbewegung stark durch den Einfluss der christlichen Großkirchen geprägt beziehungsweise ideologisch so eng mit ihnen verwoben, dass eine Veränderung der Perspektive auf den „Verzichts-Ökologismus" schwer zu erreichen sein wird:

„Ich möchte hier auf einen Aspekt hinweisen, der für Deutschland in ganz besonderer Weise charakteristisch ist: Obwohl die deutsche Bevölkerung zu den säkularsten Bevölkerungsgruppen weltweit gehört, verfügen die christlichen Großkirchen weltweit über einzigartige Privilegien, Besitztümer und politische Einflussmöglichkeiten. Sie sind nicht nur die größten Immobilienbesitzer, sondern auch die größten nichtstaatlichen Arbeitgeber Europas. Obwohl das heutige Deutschland eine der ,religionsfreiesten Gesellschaft aller Zeiten' ist, wird nahezu jede gesellschaftlich relevante Institution von Kirchenfunktionären dominiert. Welchen Einfluss hat dies nun auf den Cradle-to-Cradle-Adoptionsprozess? Die Kirchen entdeckten ab den 1970er Jahren – gewissermaßen als Kompensation der zunehmenden Säkularisierung der deutschen Bevölkerung – die Themen ,Globale Gerechtigkeit/Eine Welt' und ,Ökologie/Bewahrung der Schöpfung'. Infolgedessen wurde das Thema ,Ökologie' nicht nur ,durchtheologisiert', die Kirchen

> *stellten der aufkeimenden Umwelt- und Friedensbewegung auch entsprechende Mittel zur Verfügung. Im Gegenzug übernahm die Alternativbewegung die Grundüberzeugungen des auf theologischen Annahmen beruhenden ,Verzichts-Ökologismus'. Die theologische Rede von der ,Bewahrung der Schöpfung' (inklusive der damit verbundenen Implikationen von ,Öko-Schuld und -Sühne') wurde zu einem festen Bestandteil des ,alternativen Bewusstseins' und später auch der offiziellen deutschen Öko-Politik. Die besonderen Probleme von C2C in Deutschland [...] lassen sich daher wohl zu einem nicht unerheblichen Teil auf die einzigartige religionspolitische Verfasstheit unseres Landes zurückführen"* (M. S.-S., Z. 130-153).

Nach Auffassung von Michael Schmidt-Salomon (Z. 153-156) ist in Deutschland folglich nicht das fehlende Umweltbewusstsein für die diffizilen Implementierungsumstände verantwortlich, sondern vorwiegend ein „fehlgeleitetes" Umweltbewusstsein, welches dem *Menschen gegenüber seiner Umwelt (der Schöpfung) eine inhärente Zerstörungskraft zuspricht*. Die Experten sprechen der Veränderung der Werte, welche der Effizienztheorie zugrunde liegen, eine zentrale Bedeutung zu (J. F., Z. 212-220; A. K., Z. 253-255; M. S.-S., Z. 174-176). Für Michael Braungart liegt darüber hinaus ein bedeutender Faktor im Verständnis von Nachhaltigkeit und dessen Bezug zu radikaler Innovation, wie seine folgende Anmerkung dokumentiert:

> *„Was wichtig ist, ist, zu verstehen, dass sich Nachhaltigkeit für die Zukunft nicht eignet, weil echte Innovation nicht nachhaltig sein kann. Die Waschmaschine war nicht nachhaltig für die Leute, die vorher die Wäsche im Fluss gewaschen haben"* (M. B., Z. 180-182).

Michael Braungart (Z. 123-126) und Dagmar Parusel (Z. 258-261; 281-290) verweisen auf den negativen Einfluss der deutschen *Romantisierung der Natur* auf den Cradle-to-Cradle-Adoptionsprozess. Die daraus resultierende Konzentration auf den Schutz der Natur verkenne den Menschen als Bestandteil der Natur. Mit dieser Erkenntnis gehe jedoch die Notwendigkeit, menschliches Handeln nützlich zu gestalten, einher (D. P., Z. 258-261; 281-

290). Während die pragmatische und partnerschaftliche Beziehung der Niederländer zur Natur sich scheinbar positiv auf den Implementierungsprozess auswirke, scheine die romantisierende Natur-Mensch-Beziehung in Deutschland eine Hürde darzustellen:

„Die Holländer haben einfach entwicklungsgeschichtlich eine andere Beziehung zur Umwelt. Die sind viel pragmatischer. Wir wollen Mutter Natur schützen und nicht aktiv gemeinsam mit der Natur nach Lösungen suchen. Ich denke, dass es natürlich Schutzgebiete geben muss, aber im Prinzip ist das der falsche Ansatz. Man muss den Menschen als ein Teil der Natur begreifen, der kaputt macht, aber auch wieder aufbaut. Es gibt bestimmte Gesetzmäßigkeiten und ich denke, wenn wir ein bisschen unprätentiöser mit der Natur umgehen und die Menschen mehr in die Verantwortung nehmen würden, würden wir auch in Deutschland genauso schnell Innovationen umsetzen können, wie vielleicht in den Niederlanden“ (D. P., Z. 281-290).

„Die Natur ist unsere Lehrerin und Partnerin, aber nicht unsere Mutter. Wenn wir sie uns zur Mutter machen, machen wir uns selber klein und mickrig und entschuldigen uns umso intensiver, dass wir überhaupt da sind“ (M. B., Z. 130-132).

Monika Griefahn sieht in der Umweltbewegung der letzten 20 Jahre auch Vorteile, die für den Adoptionsprozess genutzt werden können (M. G., Z. 194-199). Ein *bestehendes Umweltbewusstsein im Bereich der Energieeinsparung oder der Mülltrennung* biete einen guten Anknüpfungspunkt für die Implementierung einer Kreislaufwirtschaft nach den Cradle-to-Cradle-Kriterien. Umweltschutz und Mülltrennung gehörten bereits zur gelebten Praxis und bieten ihrer Ansicht nach eine gute Grundlage für den Adoptionsprozess (ebd.).

Um die Rahmenbedingungen für eine Cradle-to-Cradle-Implementierung zu verbessern, besteht in den Augen der Experten der Bedarf eines kulturellen Wandels hinsichtlich folgender Wertevorstellungen (Exp1, Z. 294-296; M. G., Z. 22-25; T. J., Z. 278-284; 330-335; J. K., Z. 129-133; M. S.-

S., Z. 172-174). Um beispielsweise die Servicekonzepte erfolgreich einführen zu können, sei eine Modifizierung der Konsumkultur erforderlich, die einen *Wandel von Besitz und Eigentum* zu einer kulturellen Praktik des Teilens forciert (M. G., Z. 92-96). Bestehende Ansätze, wie die aufkommende Reparaturwirtschaft, Car-Sharing etc. werden somit als positiver Einflussfaktor auf den Cradle-to-Cradle-Adoptionsprozess im Allgemeinen sowie auf das Bewusstsein für die Langlebigkeit von Produkten im Speziellen eingeschätzt (M. G., Z. 181-185; K. H., Z. 154-157; J. K., Z. 142-146). Dennoch steckt die soziale Praxis des Teilens nach Ansicht der Experten noch in den Anfängen (J. K., Z. 172-174). Sie manifestiere sich größtenteils in jüngeren Generationen (M. G., Z. 181-185). Die Dynamik dieser Entwicklung wird aufgrund des sinkenden Bevölkerungsanteils jüngerer Menschen als potenziell nicht ausreichend eingeschätzt. Eine aktive Förderung der Einflussnahme auf die kulturellen Praktiken älterer Bevölkerungsschichten wird daher als besonders wichtig erachtet (M. G., Z. 185-188), besonders deshalb, weil in der Kriegs- und Nachkriegsgeneration Eigentum als Statussymbol noch immer stark verankert sei und den Übergang zu einer sozialen Praktik des Teilens erschwere (K. H., Z. 152-154).

Erwähnt werden außerdem die Notwendigkeit eines stärkeren *Nachhaltigkeitsbewusstseins* und eine auf Langfristigkeit ausgelegte Denkweise (J. F., Z. 81-91; 147-148; J. K., Z. 129-133) sowie ein *ausgeprägtes Problembewusstsein hinsichtlich der Materialproblematik* (K. H., Z. 246-258; T. J., Z. 330-335; 376-379; A. K., Z. 183-186; D. P., Z. 83-93). Während die Problembereiche der „klassischen" Nachhaltigkeitsdebatte bereits Eingang in das Bewusstsein vieler Deutscher gefunden haben, besteht nach Einschätzung der Experten bisher nur ein geringes Bewusstsein hinsichtlich der vorherrschenden Materialproblematiken, der Bedeutung von Chemikalien und der Art und Weise der Herstellung von Produkten (K. H., Z. 251-258; T. J., Z. 330-335; D. P., Z. 83-87). Gegenwärtige Lösungsansätze konzentrierten sich ausschließlich auf die Schadenseingrenzung durch Verbote (D. P., Z. 90-93). Der Bedarf für eine gesamtgesellschaftliche Veränderung zur Lösung der Materialproblematik werde derzeit nicht gesehen (ebd.). Darüber hinaus scheine auch das Vertrauen in den Verbraucherschutz und bestehende Siegel hierzulande sehr groß zu sein (K. H., Z. 248-251; D. P., Z., 85-86). Der damit verbundene Mangel an Qualitätsbewusstsein hinsichtlich der chemischen Zusammensetzung von Produkten verhindere sowohl die Wahrnehmung potenzieller Produktvorteile als auch gezielte Kaufentscheidungen zugunsten von Cradle-to-Cradle-Produkten und somit die notwendige Entstehung von Nachfrage (K. H., Z. 246-248; 251-255; D. P., Z. 83-87).

Des Weiteren beurteilen zwei Experten den Begriff Abfall kritisch und sehen in dessen starker kultureller Verankerung die Ursache für die überwiegend revolutionäre Wahrnehmung des Konzepts (T. J., Z. 185-189; 278-284; D. P., Z. 107-110). Durch eine Auflösung des *bestehenden Abfallparadigmas* wäre nach Einschätzung der Experten ein besseres Verständnis des Konzepts zu erreichen (D. P., Z. 107-110; 148-149).

In den Augen von Johannes Katzan besteht für eine erfolgreiche Implementierung des Cradle-to-Cradle-Konzepts die Notwendigkeit, den *Wachstumsbegriff* entweder gänzlich zu verabschieden oder ihn einer gesellschaftlichen Neudefinition zu unterziehen, welche die Einführung einer Kreislaufwirtschaft unterstützen würde:

„Es müsste eine Verständigung über einen Wachstumsbegriff geben, der gesellschaftliche Verantwortung beinhaltet. Man müsste sich entweder vom Wachstumsbegriff verabschieden oder ihn gesellschaftlich mit Elementen füllen, die wichtig sind, um eine Kreislaufwirtschaft zu gestalten. Wenn Wachstum vorwiegend nur heißt ‚mehr Umsatz' oder ‚mehr Profit', resultieren daraus höhere Beschäftigungsgarantien, aber ein Cradle-to-Cradle-Prinzip ist nicht ableitbar. Man müsste eine Verständigung über Werte und Normen haben, die mit Wachstum im Zusammenhang stehen, die sich aber auf ein soziales Wachstum, ökologisches Wachstum oder ähnliches Wachstum beziehen und vielleicht auch ein De-Growth beim Fußabdruck beinhalten. Das könnte sich auch in Gesetzen und Normen, politischen Debatten und Satzungen widerspiegeln und dann auch harte Eingriffe gesetzgeberischer Art in Produktion beinhalten, sodass bestimmte Arten, zu produzieren, verboten werden und andere steuerlich begünstigt" (J. K., Z. 162-172).

Gegenwärtig sei das Prinzip der Profitmaximierung und kurzfristiger Kostenrechnung zu stark im Wertesystem verankert und kann nach Auffassung der Experten als hemmender Einflussfaktor für die erfolgreiche Implementierung des Konzepts gewertet werden (Exp1, Z. 298-301; 302-305; M. G., Z. 160-163; J. F., Z. 77-78; A. K., Z. 193-195; D. P., Z. 66-67; M. S.-S., Z. 116-119). Ein weiteres Problem bestehe darin, dass die Industrie nicht ausreichend in die Verantwortung genommen werde und freiwillige Initiativen zur nachhaltigen Produktverbesserung außerhalb der gesetzlichen Vorgaben in der Regel die Ausnahme bilden (Exp1, Z. 298-301; A. K., Z. 186-192). Jörg Finkbeiner (Z. 118-120) sieht in kapitalistischen Werten nicht nur Hemmnisse und führt an, dass das Cradle-to-Cradle-Konzept aufgrund der Implikation eines potenziell möglichen Wachstums *mit kapitalistischen Werten vereinbar* ist und daher auch das Interesse konventioneller Unternehmer weckt.

Neben der technischen Orientierung werden auch der *deutsche Individualismus* und die *Kultur der Skepsis* und des Hinterfragens als Einflussfaktoren genannt, die Innovationsprozesse hierzulande verlangsamen (K. H., Z. 238-240; A. K., Z. 19-32; D. P., Z. 136-143).

> *„Sie haben das Thema Skepsis genannt in Ihrer Einleitung. Das würde ich unterstreichen. Man muss aber auch sehen, das ist eine vordergründige Skepsis im deutschsprachigen Gebiet, die auch den Alpenländern in der Natur der Sache liegt. Das macht es eben schwieriger diese Überzeugungsarbeit zu leisten, um quasi den Punkt zu erreichen, wo diese Skepsis plötzlich in Neugierde umschwenkt. [...] Insbesondere Deutschland oder die Alpenländer sind da prädestiniert. Die Holländer sind vom Naturell her ein bisschen anders. Die sind da ein bisschen offener, neugierig, schauen sich relativ schnell gewisse Dinge an und sind begeistert"* (A. K., Z. 19-32).

Langfristig sieht Katja Hansen in der deutschen Mentalität jedoch ein großes Potenzial für die Cradle-to-Cradle-Implementierung (K. H., Z. 238-244). Wenn die Hürde der Skepsis erst einmal genommen wäre, könnte die deutsche Akribie der Umsetzung der Bewegung sehr zugutekommen (ebd.).

Auch die Bildung wird hinsichtlich diverser Aspekte von den Experten als Einflussfaktor aufgeführt (M. B., Z. 176-178; M. G., Z. 253-279; A. K., Z. 249-255; D. P., Z. 210-214; M. S.-S., Z. 34-58). Für die Vermittlung und die ganzheitliche Implementation des Konzepts ist nach Ansicht der Experten nicht nur viel wissenschaftliches Know-how (M. B., Z. 176-178), sondern auch die Zusammenarbeit von Wirtschaft, Politik und Gesellschaft sowie eine umfangreiche Bildungsarbeit erforderlich (M. G., Z. 26-28; 241-242; 265-268). In der universitären *Lehre der Grundlagen und Methoden intertransdisziplinärer Zusammenarbeit* sieht Monika Griefahn daher viel Potenzial für den Adoptionsprozess (M. G., Z. 265-268). Komplementär hierzu stellt sie vor allem den Bedarf einer verstärkten Integration ästhetischer Bildung heraus (ebd., Z. 253-279). Der Schwerpunkt aktueller Bildungsansätze läge in der Förderung rationaler und analytischer Fähigkeiten, die der linken Gehirnhälfte zugeordnet sind (ebd., Z. 257-275). Monika Griefahn verweist darauf, dass für Veränderungsprozesse ebenso die in der rechten Hirnhälfte verorteten emotionalen und kreativen Fähigkeiten hilfreich sind (ebd.). Infolge der G8-Umstrukturierung sei eine abnehmende Anzahl an Menschen, die die Ausbildung beider Gehirnhälften vorweisen kann, zu verzeichnen (ebd., Z. 275-279). Um die notwendige Kreativität für Veränderungsprozesse und Flexibilität im intertransdisziplinären Arbeiten zu schaffen, die die Adoption von Cradle to Cradle unterstützen könnte, sollten *ästhetische Bildungsansätze* ihrer Meinung nach zukünftig über staatliche Vorgaben vermehrt in die Bildung integriert werden (ebd., Z. 257-275). Darüber hinaus habe sich aufgrund der hohen Anzahl an Umweltskandalen eine schlechte Einschätzung und *Einstellung gegenüber Chemie und Chemikern* etabliert (D. P., Z. 210-214). Positive Gestaltungsmöglichkeiten werden daher kaum wahrgenommen. Ein fundiertes und positiv belegtes Verständnis von Chemie könnte den Adoptionsprozess daher positiv beeinflussen (ebd.). Außerdem wird von einem Experten bemängelt, dass der Fokus der heutigen Lehre nach wie vor auf der *Effizienz* liegt (A. K., Z. 249-255). Die Bildung zukünftiger Generationen sollte nach Ansicht der Experten darauf ausgerichtet werden, vorhandene Denkmuster, Werte und Normen in diesem Bereich zu brechen, um eine Cradle to Cradle unterstützende Denkweise (z. B. Kreislaufdenken) zu unterstützen (ebd.). In diesem Zusammenhang führt Michael Schmidt-Salomon (Z. 34-58) den Einfluss der *Lehre der Darwinschen Theorie des „Survival of the Fittest"* an, welche ebenfalls von Effizienzkriterien geprägt ist. Ferner stellt er die Unvollständigkeit dieser Betrachtung in Bezug auf die Grundprinzipien des Lebens heraus:

> *„Lange Zeit haben Evolutionsbiologen ähnlich gedacht wie traditionelle Ökologisten. Sie gingen davon aus, dass die Lebewesen im Kampf ums Überleben darauf bedacht sein müssten, ihre Ressourcen möglichst effizient und sparsam einzusetzen. Allerdings hat schon Charles Darwin darauf hingewiesen, dass man die Vielfalt der Formen und die Pracht der Farben in der Natur mit einem solchen evolutionären Sparsamkeitsprinzip nicht erklären kann. In seinem zweiten evolutionsbiologischen Hauptwerk ‚Die Abstammung des Menschen' ergänzte er die Lehre von der natürlichen Auslese, die von Effizienzkriterien geprägt ist, um die Lehre von der sexuellen Auslese, die erklärt, warum wir in der Natur so viel ‚intelligente Verschwendung' vorfinden. Darwin zeigte auf, dass diese verschwenderische, sexuelle Selektion für die Entstehung der Arten, insbesondere für die Entwicklung des Menschen, von allergrößter Bedeutung ist. Allerdings rechnete Darwin damit, dass es angesichts der auch unter Wissenschaftlern verbreiteten Prüderie wohl noch Jahrzehnte dauern würde, bis dieses Faktum allgemein akzeptiert würde. Tatsächlich begannen die Forscher erst 100 Jahre nach Darwins Tod die enorme Bedeutung der sexuellen Selektion zu begreifen. Heute gibt es keinen namhaften Naturforscher mehr, der dieses Prinzip bestreiten würde. Denn in der Evolution geht es keineswegs nur um das ‚Survival of the Fittest' (wie es leider heute noch in den meisten Schulbüchern steht), sondern auch um das ‚Survival of the Sexiest'. Um sich fortpflanzen zu können, muss ein Organismus eben nicht nur so gut angepasst sein, dass er lange genug überlebt, er muss zudem auch noch attraktiv auf seine Artgenossen wirken, um Sexualpartner zu finden. Attraktiv wirken aber nur solche Individuen, die es sich leisten können, überschüssige Energie in Schönheit zu investieren, denn dadurch demonstrieren sie auf verführerische Weise, dass sie aus dem Vollen schöpfen, also verschwenderisch mit ihren Ressourcen umgehen kön-*

nen. Halten wir fest: Intelligente Verschwendung ist ein Grundprinzip der sexuellen Selektion und damit natürlich auch ein Grundprinzip des Lebens, weshalb man evolutionär entstandenen Lebewesen wie uns den Aufruf zum Verzicht schwerlich vermitteln kann" (M. S.-S., Z. 34-58).

In den Augen von Michael Schmidt-Salomon ist der Ansatz, Produkte „ästhetisch schön, sprich: kreativ verschwenderisch" (M. S.-S., Z. 63) zu gestalten, aus evolutionsbiologischer Sicht die adäquate Herangehensweise und birgt im Gegensatz zur Effizienztheorie ein größeres Potenzial, in der breiten Masse Anklang zu finden (ebd., Z. 58-63).

Es bleibt festzuhalten, dass aktuelle Krisen die Diskussion und Umsetzung von Kreislaufansätzen nach Cradle-to-Cradle-Kriterien fördern können, sofern diese als Innovationsanregung genutzt werden. Die Mehrheit der dem C2C-Konzept zugrunde liegenden kulturellen Praktiken, Werte und Normen sind mit denen der heutigen deutschen Gesellschaft nicht kompatibel und stellen somit ein großes Hemmnis dar (siehe Tab. 2).

Gegenwärtige gelebte kulturelle Praktiken, Werte und Normen	Dem C2C-Konzept zugrunde liegende kulturelle Praktiken, Werte und Normen
Effizienz	Öko-Effektivität
Besitz	Leasing
Linear ausgerichtete Denkweise/ Praxis	zirkulär ausgerichtete Denkweise/Praxis
Romantisierung der Natur/ des Naturschutzes	die Natur als Partner
Mensch der Natur übergeordnet	Mensch als Teil der Natur
Mensch als Schädling	positives Menschenbild
Abfallkonzept	Nährstoffkreisläufe
Fokus auf technische Innovationen	Fokus auf soziale und ökologische Innovationen
Wachstumsbegriff geprägt durch Profitmaximierung	Wachstumsbegriff geprägt durch ökologisches und soziales Wachstum

Tab. 2: Konträr zueinander stehende kulturelle Praktiken, Werte und Normen Quelle: Eigene Darstellung

Die deutsche Akribie, der hierzulande ausgeprägte Individualismus sowie eine Kultur der Skepsis und des Hinterfragens scheinen den Adoptionsprozess zu verlangsamen. Langfristig könnte sich jedoch die deutsche Akribie als wertvolle Praktik für eine qualitative Umsetzung herausstellen. Ein verstärktes Bewusstsein für die bestehenden Materialproblematiken sowie ein umfassenderes Nachhaltigkeitsbewusstsein in der Bevölkerung stellen wichtige Katalysatoren für die Implementierung des Konzepts dar. Für die Bewusstseinssteigerung, die Modifikation der dem Prozess entgegenstehenden Werte und Normen sowie für die notwendige Förderung intertransdisziplinärer Zusammenarbeit ist die Bildung von entscheidender Bedeutung.

Einflussfaktor Problem- und Bedürfniswahrnehmung
Der Bedarf eines zielgerichteten Veränderungsansatzes zur Umsetzung einer nachhaltigen Entwicklung nimmt gegenwärtig stark zu. Im Rahmen dessen wird auch das Cradle-to-Cradle-Konzept von einigen Akteuren bereits als Lösungsansatz für diverse vorherrschende Problematiken wahrgenommen (M. B., Z. 57-59; Exp1, Z. 55-59; J. F., Z. 182-188; K. H., Z. 45-49; A. K., Z. 102-107; J. K., Z. 31-22; T. J., Z. 30-34; 94-96; M. S.-S., Z. 25-26). Um derzeitige Krisen zu bewältigen und langfristig zu verhindern, werde dem Ansatz in der Gesellschaft *im Großen und Ganzen bisher dennoch eher geringes Lösungspotenzial zugeschrieben* (M. B., Z. 32-35; Exp1, Z. 152; 168-170; J. F., Z. 123-129; M. G., Z. 13-21; T. J., Z. 230-239; D. P., Z. 28-41; M. S.-S., Z. 18-27). Die aufgeführten Gründe hierfür sind vielfältig. Der bestehende Bekanntheitsgrad des Konzepts in Expertenkreisen sowie in der allgemeinen Bevölkerung sei nach wie vor sehr gering, wodurch eine Bedeutungszuschreibung des Konzepts in Bezug zu aktuellen globalen Problematiken häufig nicht möglich sei (M. S.-S., Z. 18-20). Aber auch bei Kenntnis des Ansatzes wirken diverse Faktoren darauf ein, dass Cradle to Cradle bisher nur von seinen Anhängern oder in ersten Ansätzen als Lösungsweg eingestuft werde. In Deutschland würden sich die Nachhaltigkeitsbemühungen in vielen Bereichen auf die Umsetzung der *Effizienzstrategie* konzentrieren, *die momentan überwiegend als vielversprechender Ansatz für bestehende Probleme wahrgenommen und implementiert werde* (M. B., Z. 32-35; T. J., Z. 230-239; M. S.-S., Z. 26-27).

Der Qualitätsfokus des Konzepts stelle in einer Gesellschaft, deren derzeitige Umweltbewegungen überwiegend einer quantitätsorientierten Denkweise unterlägen, ebenfalls häufig ein Problem dar und führe zu starker Kritik (T. J., Z. 52-63; D. P., Z. 167-168).

> *„Man hat aber aus bestimmten Umweltbewegungen, zum Beispiel der Postwachstumsökonomie, mit Anfeindungen zu leben. […] Wir denken, dass das menschliche Handeln nicht so sehr in der Masse problematisch ist, sondern eher in der Art und Weise. Das ist schon ein eklatanter Unterschied im Denken. Bei vielen Umweltbewegungen und -ansätzen, die auch in der Praxis gelebt werden, sei es bei Wirtschaftsakteuren, NGOs oder Stiftungen, geht es nicht darum, die Qualität der Handlung zu verändern, sondern die Quantität“ (T. J., Z. 52-63).*

In diesem Kontext wird das Cradle-to-Cradle-Konzept *in vielen Fällen als Ressourcenverschwendung* und somit nicht als adäquates Bewältigungsmittel für den absehbaren Mangel in diesem Bereich gewertet (M. S.-S., Z. 26-27). Dieser Blickwinkel verstelle, wie Tim Janßen im Folgenden aufführt, vielfach den Blick auf die gegenwärtige Materialproblematik und die einzelnen Fragmente, die bei dessen Verursachung eine Rolle spielen:

> *„Wir sehen uns schon damit konfrontiert, dass die Energieersparnis im Moment so eine Art Heiligen Gral darstellt und sehr viele Organisationen daran arbeiten, ohne sich darüber Gedanken zu machen, dass Energie eigentlich langfristig kein Problem darstellt, sondern vor allen Dingen fehlendes Material und die Art und Weise, wie wir Material verschleißen und nicht mehr brauchbar machen“ (T. J., Z. 248-252).*

Ferner ließe sich im Gegensatz zu den Niederlanden und Dänemark in Deutschland bereits eine sehr stark entwickelte Umweltbewegung verzeichnen, welche bereits durch diverse Ansätze und Umweltorganisationen geprägt sei und folglich die *Notwendigkeit neuer Ansätze* in vielen Teilen der Bevölkerung nicht gesehen werde (J. F., Z. 30-33; 123-124).

Erschwerend komme hinzu, dass das Konzept mit all seinen Fragmenten, insbesondere die *Unterschiede zu den bestehenden Ansätzen, in der Regel nicht verstanden* wird (J. F., Z. 123-129; M. G., Z. 13-21; D. P., Z. 28-41). Bisher beschränke sich das Verständnis und die Einordnung des Konzepts vorwiegend auf den Recyclingbereich, wobei auch hier die Unterschiede zu bestehenden Systemen weitestgehend nicht erfasst würden (J. F., Z. 16-20; 42-44; M. G., Z. 13-21; D. P., Z. 28-41). Insbesondere im Recyclingbereich bestehe mehrheitlich der Eindruck, dass sich deutsche Praktiken bereits auf einem hohen Qualitätsniveau bewegen und somit keiner Weiterentwicklung bedürfen (J. F., Z. 13-14; 28-36; D. P., Z. 28-41).

> *„Die andere Reaktion, die wesentlich häufiger ist, ist, dass die Leute sagen: ‚Ja wieso, das machen wir doch alles schon. Wir machen doch Recycling‘“ (J. F., Z. 13-14).*

> *„Das geht weiter bis zur Bundesregierung oder dem Bundesumweltamt, die auf der Website des Bundesumweltamts veröffentlichen, dass wir unsere Recyclingquoten übererfüllen und es dadurch bisher keinen Bedarf hatte, sich überhaupt mit dem Thema zu beschäftigen“ (J. F., Z. 33-36).*

> *„Außerdem ist es dadurch in der Autobranche auch schwierig, gemeinsam echte Kreislaufstrategien umzusetzen. Deren allgemeine Aussage dazu ist häufig: ‚Das haben wir doch schon alles. Wir recyceln unsere Autos heute schon zu 85 % oder sogar schon zu 90 %‘“ (D. P., Z. 28-31).*

Ferner würden auch die *sozialen Innovationseigenschaften* des Cradle-to-Cradle-Konzepts in der Praxiserfahrung eines Experten sehr viel *weniger Anklang als technologisch geprägte Ansätze* finden und erschwerten die Implementierung dieses Ansatzes (Exp1, Z. 152; 168-170). Laut des Experten sei dies vor allem darauf zurückzuführen, dass in Deutschland generell eine größere Offenheit gegenüber technologischen Innovationsansätzen herrsche (ebd.). Darüber hinaus gelte das Cradle-to-Cradle-Konzept in vielen

Kreisen als „grünes" Konzept und werde aus diesem Grund von technisch orientierten Akteuren ebenfalls nicht als relevant eingestuft (Exp1, Z. 55-56).

Ein weiterer Faktor stelle die durchaus verbreitete *Einschätzung des Konzepts als Utopie* dar (M. G., Z. 65-77; D. P., Z. 107-109; M. S.-S., Z. 65-77). Die Erschaffung einer Welt ohne Abfall durch die Umstellung der gesamten Weltwirtschaft nach Cradle-to-Cradle-Kriterien werde von vielen Akteuren als unrealistisch und nicht praxistauglich eingestuft (M. G., Z. 43-76; D. P., Z. 107-109; M. S.-S., Z. 65-77). Monika Griefahn weist in diesem Zusammenhang darauf hin, dass eine kulturelle Transformation die Voraussetzung für die Entwicklung einer veränderungswirksamen Vorstellungskraft darstelle (M. G., Z. 92-96). Die derzeitige kulturelle Praxis sei von einem Servicekonzept nach Cradle-to-Cradle-Kriterien weit entfernt, wodurch die erfolgreiche Implementierung eines solchen Verfahrens überwiegend als realitätsfern einzuordnen sei (ebd.). Als Entwickler des Konzepts sieht Braungart die Wahrnehmung des Konzepts als Lösung für bestehende gesellschaftliche Probleme aus der folgenden Perspektive:

> *„Es geht darum, die Dinge alle noch einmal neu zu erfinden und neu zu gestalten. So gesehen ist der 3D-Drucker keine Lösung für Bestehendes. Es geht darum, den menschlichen Fußabdruck zu feiern, die Menschen als Chance zu sehen und nicht etwas weniger schädlich zu machen. Und darum sind die bestehenden Probleme nicht meine Frage"* (M. B., Z. 35-40).

Obwohl die überwiegende Mehrheit der Bevölkerung die Umsetzung des Cradle-to-Cradle-Konzepts aus diversen Gründen nicht als Bedürfnis oder gar Lösungsansatz einstuft, verzeichnen die Experten dennoch erste Veränderungen in Teilbereichen wie der Metallindustrie, der urbanen Raumgestaltung, der Abfallindustrie und der Materialienauswahl (M. B., Z. 57-59; J. F., Z. 182-188; A. K., Z. 102-107). Das Konzept wird von einigen Unternehmen als Lösungsansatz zur Realisierung einer umweltgerechten Produktion erachtet (T. J., Z. 94-96). In den Augen der IG Metall stellt es beispielsweise eine konkrete Umsetzungsstrategie der Nachhaltigkeitskriterien dar (J. K., Z. 31-22). Ferner wird es von diversen Akteuren als Erweiterung der bisher nur bedingt erfolgreichen Umweltdebatte und Nachhaltigkeitspraxis gesehen (K. H., Z. 49-53; 59-60). Wie bereits erläutert, wirkt sich insbesondere die Möglichkeit eines „grünen" Wachstums sehr positiv auf die Einschätzung des Konzepts in Unternehmenskreisen aus (J. F., Z. 113-117; T. J., Z. 94-96). Im Gegensatz zu bestehenden Nachhaltigkeitsstrategien, welche überwiegend als reiner Kostenfaktor eingestuft werden, beinhaltet eine Cradle-to-Cradle-Implementierung aufgrund des Alleinstellungsmerkmals ein zusätzliches Potenzial und führt neben den bereits erwähnten Faktoren dazu, dass einige Unternehmer eine Umstellung in Betracht ziehen (K. H., Z. 53-57):

> *„Wir sehen auch Firmen, die das ganz klar als Lösungsansatz und als Weiterführung der Nachhaltigkeitsdebatte sehen. Denn die Nachhaltigkeitsdebatte führt einen auch so ein bisschen in eine Sackgasse, weil wir die Effizienz in den letzten zwei, drei Jahrzehnten ganz gut ausgequetscht haben und da nicht mehr so viel vorweisen können. Das heißt, die Firmen haben auch Wettbewerbsvorteile verloren"* (K. H., Z. 49-53).

Das Konzept werde außerdem zunehmend als Lösungsansatz für kritische globale Entwicklungen erkannt und als Handlungsansatz für eine richtungsweisende Entwicklung zur Erreichung der Nachhaltigkeitsziele gewertet (K. H., Z. 45-49; A. K., Z. 58-66; 98-101; M. S.-S., Z. 25-26). Dies treffe insbesondere auf die Anhänger des Konzepts (M. S.-S., Z. 25-26) sowie, laut der Erfahrung von Katja Hansen (Z. 45-49), auf die jüngere Generation zu, die den Ansatz als Erweiterung der Effizienzdebatte ansieht und somit der langjährigen Umweltdebatte weniger verhaftet zu sein scheint.

> *„Ich denke, dass wir gerade im Cradle-to-Cradle-Verein ganz klar sehen, dass viele jüngere Menschen dieser ganzen Umweltdebatte nicht so sehr verhaftet sind wie die Generationen der jetzt 40- bis 60-Jährigen, sondern auch nach neuen Lösungen suchen. Denn nur Effizienz bringt es eben nicht. Und DA wird das, denke ich, ganz klar als Lösungsansatz gesehen"* (K. H., Z. 45-49).

> *„Es wird sehr positiv aufgenommen, weil man mittlerweile erkennt,*
> *dass es ein anderer Lösungsansatz ist, der zukunftsfähig ist und wirk-*
> *lich viele Probleme aus dem Weg räumt. Und es ist auch ein Ansatz,*
> *der es ermöglicht, die vermeintliche Komplexität zu vereinfachen, in*
> *dem Sinne, dass man eine Orientierung kriegt" (A. K., Z. 98-101).*

In einigen Fällen werde Cradle to Cradle wiederum zum Allheilmittel stili-siert, obwohl der Ansatz diesen Anspruch nicht erhebt, sondern spezifisch Probleme der Schadstoffbelastung, Gesundheit und Rohstoffknappheit zu fokussieren versucht (T. J., Z. 35-38).

Aus diesen Ergebnissen lässt sich ablesen, dass das Cradle-to-Cradle-Konzept in Deutschland bisher nur in Teilen als Lösungsansatz für vorherr-schende globale Problematiken gesehen wird. Die überwiegende Mehrheit sieht jedoch noch kein Bedürfnis für die Implementierung eines solchen Ansatzes. Die Ansätze der heutigen Umweltbewegung werden in vielen Fäl-len als ausreichend bewertet, quantitätsorientierte und technische Ansätze bevorzugt. Darüber hinaus sprechen viele dem Konzept eine sehr geringe Praktikabilität zu oder ordnen es als Utopie ein.

4.8 Interne Strukturen der Change Agency

Fünf Experten verweisen darauf, dass neben den bereits genannten Aspek-ten auch diverse interne Strukturen der Cradle-to-Cradle-Organisationen optimierungsbedürftig seien (Exp1, Z. 124-142; D. P., Z. 273-277; J. F., Z. 229-239; K. H., Z. 199-202; M. S.-S., Z. 178-180). Einer der Experten fordert *mehr Mut zur Selbstkritik* und weist darauf hin, dass *gewonnene Informationen* über politische, wirtschaftliche und gesellschaftliche Strukturen nicht nur separat betrachtet, sondern auch zur Optimierung der Kommunikation so-wie der Tätigkeiten und internen Prozesse der Cradle-to-Cradle-Organisa-tion herangezogen werden sollten (Exp1, Z. 329-333; 354-357).

Die bereits im Rahmen der bestehenden Unsicherheiten diskutierte The-matik der *Absenz einer globalen Cradle-to-Cradle-Organisation und das Fehlen internationaler Rahmenbedingungen* für Implementierungsprozesse ist laut eines Experten ein hausgemachtes Problem. Die Korrektur obliegt demnach der Organisation selbst (Exp1, Z. 124-142). Die bereits diskutierte Problematik der starken Verknüpfung des Konzepts mit den derzeitigen Hauptprotagonisten in der deutschen Bewegung wird in diesem Kontext ebenfalls angeführt (Exp1, Z. 206-207; 212-214; M. G., Z. 129-133; K. H., Z. 199-202; M. S.-S., Z. 178-180). Um den Erfolg des Konzepts langfristig nicht von einigen wenigen Einzelpersonen abhängig zu machen, sollte es nach Meinung der Experten langfristig auf eigene Beine gestellt werden (K. H., Z. 199-202; M. S.-S., Z. 178-180). Des Weiteren stelle die *Kommunikation innerhalb des Cradle-to-Cradle-Netzwerkes und zwischen allen beteiligten Produktionspartnern* nach wie vor eine große Herausforderung dar und sollte in den Augen der Experten verbessert werden (Exp1, Z. 217-220; J. F., Z. 229-239; D. P., Z. 273-277). Bisher würde der Kontakt zu interessierten Partnern nach der ersten Informationsveranstaltung und einer zunächst sehr persönlichen Kommunikation nicht ausreichend weiter gepflegt werden (Exp1, Z. 217-227). Für eine erfolgreiche Implementierung würde demnach eine Organisation hinter den Hauptprotagonisten des Konzepts benötigt, welche die Kapazität besitzt, die Entwicklung der Partner angemessen zu betreuen und eine kontinuierliche Kommunikation aufrechtzuerhalten (Exp1, Z. 224-227). Ferner wird der unzureichende Informationsaustausch zwischen internationalen Cradle-to-Cradle-Akteuren bemängelt (J. F., Z. 232-239). Bislang werde dieser über die Organisation nur wenig gefördert und erfordere die private Eigeninitiative der Akteure. Somit blieben potenzielle Multiplikatoreneffekte durch fehlende internationale Netzwerkverknüpfungen ungenutzt (ebd.). Zudem seien viele Mitglieder bereit, höhere Mitgliedsbeiträge zu zahlen, falls diese für professionelle Marketingmaßnahmen genutzt würden und generell eine höhere Transparenz bezüglich der Verwendung der Mittel bestünde (Exp1, Z. 324-329). Positiv wird bewertet, dass die *Möglichkeiten der aktiven Mitgestaltung* im Gegensatz zu den starren Strukturen und Regeln anderer Organisationen größer seien (J. F., Z. 159-164).

Diese Aussagen verdeutlichen, dass interne Strukturen der Cradle-to-Cradle-Organisation ebenfalls optimierungsbedürftig sind. Abgesehen von den bereits erwähnten divergenten Rahmenbedingungen für die Umsetzung und der notwendigen Loslösung der Kommunikation von den

Hauptprotagonisten sowie dem Umweltinstitut EPEA fehlt es derzeit an ausreichenden internen Kommunikationsstrukturen. Abseits der erfolgreichen Informationsveranstaltungen besteht nach Aussagen einiger Experten bisher weder eine qualitative Betreuungsstruktur der akquirierten Partner noch eine ausgeprägte Netzwerk- und Informationskultur innerhalb der Cradle-to-Cradle-Gemeinschaft. Fördernde Multiplikatoreneffekte bleiben somit ungenutzt.

4.9 Einflussfaktor Sonstiges

Michael Braungart weist darauf hin, dass die zügig anwachsende Cradle-to-Cradle-Community, insbesondere dann, wenn Akteure das Prinzip auf eigene Faust zu implementieren versuchen, bereits zu *Qualitätsproblemen* führt (M. B., Z. 56-159). Eine weitere Problematik besteht seiner Auffassung nach in einem *eingeschränkten Zeitrahmen*, der für eine erfolgreiche Cradle-to-Cradle-Implementierung zur Verfügung steht (M. B., Z. 62-64). Sollte eine Umsetzung nicht zeitnah erfolgen, sieht er mit dem Schwinden der Ressourcen wenige Möglichkeiten, diese auch langfristig effektiv zu verwirklichen (ebd.).

5   Diskussion der Ergebnisse

Im Folgenden werden zunächst die identifizierten Einflussfaktoren des Cradle-to-Cradle-Adoptionsprozesses zusammenfassend dargestellt. Anschließend erfolgt anhand der Darstellung sowie Interpretation der Ausprägung verschiedener Einflussfaktoren ein Einblick in mögliche Hemmnisse des Prozesses. Eine kritische Auseinandersetzung mit den angewendeten Methoden der Arbeit, ein Ausblick auf den weiteren Forschungsbedarf und eine Schlussfolgerung schließen das Kapitel ab.

5.1   Identifizierte Einflussfaktoren

Entgegen der aktuellen Medienberichterstattung, in der die Cradle-to-Cradle-Entwicklung in Deutschland als eher zurückhaltend und international rückständig dargestellt wird, schätzen die Experten die Entwicklung überwiegend positiv ein und sehen insbesondere im aktuell ansteigenden Bekanntheitsgrad des Konzepts eine positive Entwicklung. Dennoch bestätigt die überwiegende Mehrheit der Experten die Tatsache, dass die Implementierung in Deutschland eine Herausforderung darstellt und dass man hierzulande mit einer verstärkten Skepsis gegenüber dem Konzept konfrontiert ist. Weitere Forschung, insbesondere internationale Vergleiche, sind notwendig, um zu aufzuzeigen, inwiefern diese Einschätzung über den Entwicklungsstand in Deutschland zutrifft.

Aufgrund der Tatsache, dass das Forschungsfeld noch sehr jung ist, weshalb nur eine stark eingeschränkte Forschungsgrundlage zur Implementierung des Cradle-to-Cradle-Konzepts existiert, folgte diese Studie einem explorativen Ansatz. Ziel war es, in einem ersten Schritt eine Antwort auf die folgende Forschungsfrage zu finden: *Welche Faktoren beeinflussen die Cradle-to-Cradle-Adoption in Deutschland?*

In den Aussagen der Experten sind insgesamt 17 Adoptionsfaktoren erkennbar. Davon können 16 den Taxonomien von ROGERS (2003), WEBER (2010) und FICHTER und CLAUSEN (2013) (siehe Abb. 5) zugeordnet werden. Lediglich die unter „Sonstiges" und „Interne Strukturen der Change

Agency" aufgeführten Aspekte ließen sich nicht kategorisch zuordnen. Der von Rogers (2003, 26-31) aufgestellte Einflussfaktor „Change Agents und Meinungsführer" schreibt diesen zwar das Potenzial zu, auf die Verhaltensweisen anderer Systemmitglieder einwirken zu können, misst der Change Agency als Institution aber keine Bedeutung bei. Die Ergebnisse dieser Studie weisen jedoch auf einen Einfluss der internen Strukturen der Change Agency auf den Adoptionsprozess hin. Somit rücken neben der Interaktion der Change Agents und der Meinungsführer mit den Mitgliedern des Systems auch die Organisation und deren Struktur ins Blickfeld des Interesses. Demzufolge erscheint es sinnvoll, den Begriff „Change Agency" dem Einflussfaktor „Meinungsführer und Change Agents" hinzuzufügen und die aufgeführten Aspekte diesem Faktor unterzuordnen. Die aufgeführte Kategorie „Sonstiges" wurde als zusätzlicher Faktor hinzugefügt. Insgesamt konnten somit 17 Einflussfaktoren herausgearbeitet werden. Die folgenden Tabellen 3 bis 9 bieten einen zusammenfassenden Überblick über alle Faktoren und die zugehörigen Aspekte von Relevanz. Letztere wurden anhand der in Kapitel 4 aufgeführten Einschätzungen der Experten von der Verfasserin hinsichtlich ihres Einflusses auf den Adoptionsprozess bewertet. Die Ausprägung eines Adoptionsfaktors ergibt sich aus der Summe der Einflüsse der zugeordneten Aspekte. Es lässt sich eine die Diffusionsdynamik durchweg unterdurchschnittlich steigernde Wirkung der Einflussfaktoren feststellen, was die langsame Diffusionsdynamik des Cradle-to-Cradle-Konzepts in Deutschland erklärt.

Die Faktoren „Technologisches Umfeld", „Nutzerinnovatoren" und die konsumentenbezogenen Faktoren „Persönlichkeitsmerkmale", „Kommunikationsverhalten", „Unsicherheiten", „Notwendigkeit für Veränderung" sowie „Preis, Kosten und Wirtschaftlichkeit" haben im Rahmen dieser Studie keine Erwähnung durch die Experten gefunden. Die Gründe hierfür liegen möglicherweise in der Fragengestaltung des Interviews, der Expertenauswahl oder der Tatsache, dass diese Faktoren zum jetzigen Zeitpunkt keinen entscheidenden Einfluss auf den Cradle-to-Cradle-Adoptionsprozess ausüben. Weitere Forschungen zur Rolle dieser Faktoren sind in diesem Zusammenhang notwendig.

Adoptionsfaktor	Einfluss	relevante Aspekte
Relativer Vorteil	+ + + + + +	• Idee einer Kreislaufwirtschaft • positives Menschenbild • innovativer Ansatz mit wirtschaftlichem Potenzial • Potenzial für zukünftige Veränderungsvorhaben • gesunde Materialienauswahl • Vorstellung einer abfallfreien Welt
Komplexität	- - -	• Verwendung eines englischsprachigen Konzeptnamens • gesamtgesellschaftlicher Ansatz • Vielzahl von Begrifflichkeiten
Erprobbarkeit	- -	• umfangreiche Implementierung erforderlich • geringe bis keine Praktikabilität zugesprochen
Wahrnehmbarkeit	-	• geringe Wahrnehmung trotz Medienpräsenz
Kompatibilität	-	• überwiegende Inkompatibilität mit sozialem System (siehe Tab. 8)

Tab. 3: Produktspezifische Einflussfaktoren
Quelle: Eigene Darstellung

Adoptionsfaktor	Einfluss	relevante Aspekte
Sozioökonomische Charakteristika	+/-	• Alter
Notwendigkeit von Veränderung (unternehmensbez.)	-	• Notwendigkeit einer umfassenden Verhaltensänderung
Wirtschaftlichkeit, Preis & Kosten (unternehmensbez.)	- - +	• finanzieller Aufwand sehr hoch eingeschätzt • Wirtschaftlichkeit gilt als nicht gesichert • Potenzial „grünen Wachstums"
Unsicherheiten	- - - - - - -	• Einführung neuer Geschäftsmodelle eröffnet betriebswirtschaftliche und rechtliche Fragen • Ausmaß der Wertschöpfungsketten- umstellung unklar • Henne-Ei Problematik bei der Umsetzung geschlossener Kreisläufe • international differierende Vorgaben der C2C-Organisationen • Wirtschaftlichkeit/Marktbedingungen schwer einschätzbar • starker Widerstand der Effizienzvertreter • ungerechtfertigte Vorwürfe der Vorteil- nahme und Vetternwirtschaft gegen die Hauptprotagonisten

Tab. 4: Adopterspezifische Einflussfaktoren
Quelle: Eigene Darstellung

Einfluss	relevante Aspekte
-	• unzureichende Kommunikationsmechanismen befördern Nischenposition
-	• später Aufbau der Kommunikationsstrukturen in Deutschland
+	• Cradle-to-Cradle-Verein als Kommunikator
-	• außerhalb der Hauptprotagonisten wird C2C kaum medienwirksam kommuniziert
-	• Öffentlichkeitsarbeit vorwiegend bei EPEA und Hauptprotagonisten
-	• fehlende Systematik bei der Zielgruppenansprache
-	• von Pionieren nicht in Firmenmarketing übernommen
-	• Komplexität des Konzepts erschwert Kommunikation
-	• Anglizismen erschweren Kommunikation
-	• Ganzheitlichkeit und Ziele des Konzepts häufig nicht verstanden
-	• Positionierung zur Nachhaltigkeitsdebatte unklar
-	• Fehlinterpretation des Begriffs „intelligente Verschwendung"
-/+	• hoher Stellenwert des Hauptprotagonisten in Kommunikation ambivalent
-	• kommunikativer Umgang mit ungerechtfertigten Vorwürfen um gegenseitige Auftragsgenerierung
-	• fehlendes professionelles Marketing
-	• verstärkte Integration von erfolgreichen Pionieren als Promotoren
-	• fehlende Praxisbeispiele v. a. von Großunternehmen und Key-Playern
-	• Herausstellung einiger Konzepteigenschaften unzureichend

Tab. 5: Adoptionsfaktor Kommunikation
Quelle: Eigene Darstellung

Einfluss	relevante Aspekte
-	• fehlende Praxisbeispiele v. a. von Großunternehmen und Key-Playern
-	• Unternehmensstruktur und Wirtschaftspraxis in Deutschland
+	• leichterer Zugang zu Markenherstellern
+	• leichterer Zugang zu inhabergeführten Unternehmen mit Nachhaltigkeitsausrichtung
-	• allgemein zurückhaltende Innovationstätigkeit in Deutschland
+	• Top-down-Prozesse effektiver in der Umsetzung
+	• umfassende C2C-Implementierung im Unternehmen
-	• C2C-Implementierung in Sparten
-	• ausgeprägter Produktionssektor mit verankerter Effizienztheorie
-	• global ausgerichtete Wertschöpfungsketten
-	• niedrige Rohstoffpreise
-	• Handel blockiert eine Cradle-to-Cradle-Implementierung
-	• keine ausreichende Kooperation mit Chemie- und Abfallindustrie

Tab. 6: Adoptionsfaktor Makroökonomisches Umfeld
Quelle: Eigene Darstellung

Einfluss	relevante Aspekte
-	• Konzept besitzt geringen politischen Rückhalt
+	• zunehmend politisches Interesse zu verzeichnen
+	• kommunale politische Arbeit des Vereins
-	• Industrie hinsichtlich der Produktqualität nicht in der Verantwortung
-	• Absenz systematischer politischer Anreize/Maßnahmen zur Förderung von qualitativ hochwertigem Design
-	• Kreislaufwirtschaftsgesetz
-	• eingeschränkte Mitbestimmungsrechte von Betriebsräten
-	• ungerechtfertigte Vorwürfe der Vorteilsnahme und Vetternwirtschaft gegen die Hauptprotagonisten erhöhen Skepsis in politischen Kreisen
-	• Fokussierung der Effizienzstrategie in der politischen Praxis
-	• starre und fragmentierte politische Strukturen erschweren die Entwicklung ganzheitlicher politischer Maßnahmen

Tab. 7: Adoptionsfaktor Politisch-rechtliches Umfeld
Quelle: Eigene Darstellung

Adoptionsfaktor	Einfluss	relevante Aspekte
Problem- und Bedürfniswahrnehmung	-	• Effizienzstrategie im Fokus wahrgenommener Lösungsansätze
	-	• C2C vielfach als Ressourcenverschwendung gewertet
	-	• Notwendigkeit weiterer Nachhaltigkeitsansätze nicht gesehen
	-	• Unterschied zu bestehenden Ansätzen nicht wahrgenommen
	-	• soziale Innovationseigenschaften finden wenig Anklang
	-	• Praktikabilität gering eingeschätzt
	-	• in ersten Ansätzen als Lösung nur für Teilbereiche gesehen
	+	• verstärkte Ressourcendebatte erhöht Bewusstsein für Materialproblematik
	-	• zunehmende Überdrüssigkeit aufgrund Summe globaler Krisenmeldungen
	-	• geringes und fehlgeleitetes Nachhaltigkeitsbewusstsein
	-	• geringes Bewusstsein für Materialienproblematik
Kulturelle Praxis und Werte und Normen (inkompatibel)	-	• deutsche Akribie in der Effizienzorientierung
	-	• deutscher Individualismus und Kultur des Hinterfragens
	-	• langjährige Umwelttradition und darin verankerte Werte
	-	• Effizienzorientierung
	-	• starke Technikorientierung
	-	• Ansicht des Menschen als Schädling/ Romantisierung der Natur
	-	• Besitz
	-	• lineare Denkweise/Praxis
	-	• Abfallkonzept
	-	• bestehende Interpretation des Wachstumsbegriffes

Adoptionsfaktor	Einfluss	relevante Aspekte
Kulturelle Praxis und Werte und Normen (kompatibel)	+ +	• erlernte Praktik zu Mülltrennung und Energiesparen • Wachstumsorientierung
Meinungsführer, Change Agents und Change Agency	+/- - - - - + -	• hoher Stellenwert des Hauptprotagonisten in Kommunikation ambivalent • gering ausgeprägte Selbstkritik • gewonnene Informationen bisher nicht ausreichend zur Optimierung genutzt • Absenz internationaler Rahmenbedingungen führt zu Unsicherheiten • interne Kommunikation und Betreuung interessierter Unternehmen unzureichend • positive Wahrnehmung aktiver Mitgestaltungsmöglichkeiten • unzureichende Transparenz bezüglich der Verwendung von Mitgliedsbeiträgen

Tab. 8: Einflussfaktoren des Sozialen Systems
Quelle: Eigene Darstellung

Einfluss	relevante Aspekte
-	• zügig wachsende Community führt zu Qualitätsproblemen
-	• begrenzte Ressourcen schränken Zeitrahmen für Umstellung ein

Tab. 9: Sonstiges
Quelle: Eigene Darstellung

5.2 Die Herausforderungen des Cradle-to-Cradle-Adoptionsprozesses

Eine ausführliche Diskussion des breit gefächerten Spektrums der identifizierten Einflussfaktoren und ihrer zahlreichen Aspekte ist im Rahmen dieser Arbeit weder möglich noch zielführend. Die Autorin beschränkt sich deshalb auf eine Auswahl an Faktoren und Aspekten. Die Selektion stützt sich dabei auf dreierlei Auswahlkriterien: Ein Großteil der Faktoren und Aspekte wurde aufgrund einer auffällig hohen Anzahl an Nennungen in die Diskussion einbezogen, ein weiterer Teil aufgrund nennenswerter Bezüge zur der Arbeit zugrunde liegenden Theorie, ein dritter Teil, da er aufschlussreiche faktorenübergreifende Bezüge aufweist. Um ein umfassenderes und vertiefendes Verständnis der Einflussfaktoren zu erhalten, sind weitere detaillierte Forschungen zur deren Bestätigung, Relevanz und Wirkungsweise notwendig.

Produkt- und adopterspezifische Faktoren

Innerhalb der Diffusionsforschung gilt die subjektive Wahrnehmung der profitablen Zweckmäßigkeit einer Innovation als einer der bedeutendsten Indikatoren für die Adoptionsgeschwindigkeit (ROGERS 2003, 15; 233). Diese nimmt zu, je größer der wahrgenommene Vorteil einer Innovation ausfällt (ebd., 15). Die Experten stellen generell fest, dass der relative Vorteil des Cradle-to-Cradle-Konzepts als solcher wahrgenommen wird. Der Ansatz einer abfallfreien Kreislaufwirtschaft und das dem Konzept zugrunde liegende positive Menschenbild scheinen gemeinhin als vorteilhaft wahrgenommen zu werden. Wie bereits von BJØRN und HAUSCHILD (2013, 322) betont, werden auch der schadstofffreie Materialansatz sowie die Wirtschaftlichkeit, insbesondere in Unternehmerkreisen, zunehmend als spezifischer, konzeptimmanenter Vorteil gewertet. Allerdings finden sich in den Erfahrungen der Experten auch viele Hinweise darauf, dass die positive Wirkung des Faktors „Relativer Vorteil" des Konzepts dadurch abgeschwächt wird, dass dessen Realisierung als unrealistisch eingestuft wird. Die aufgrund des hohen visionären Anteils des Konzepts bezweifelte Praktikabilität (REAY ET AL. 2011, 39; SUNG 2015, 32) findet sich ebenso in den Erfahrungen der

Experten wieder. Eine weitere bedeutende Hürde der Cradle-to-Cradle-Kommunikation ergibt sich aus der Tatsache, dass bestimmte Eigenschaften nicht einhellig als positiv bewertet werden – mitunter teilweise sogar als negativ. In diesen Kontext gehört beispielsweise die derzeit kontrovers geführte Debatte um ein langfristig tragbares Wachstumsparadigma (siehe Kapitel 2.3, BJØRN/HAUSCHILD 2013, 329; BRAUNGART/MCDONOUGH 2013, 26; PAECH 2012, 66-67). Auch der mit dem Konzept assoziierte Begriff der „intelligenten Verschwendung" und die damit verbundene Möglichkeit des schuldfreien Konsums (BRAUNGART/MCDONOUGH 2013, 26) stehen in der Kritik.

Es ist also zu vermuten, dass eine erfolgreiche Förderung der positiven Wahrnehmung der Vorteile des Konzepts nur zu erreichen wäre, wenn zuvor die gesellschaftlich verankerte Annahme, dass die genannten Vorteile nicht realisierbar seien – vor allem in Verbindung mit Wachstum und schuldfreiem Konsum –, überwunden werden könnte. Die Annahme, dass dies nur bedingt kommunikativ gelöst werden kann, sondern eines tiefer gehenden Wertewandels bedarf, liegt nahe.

Die Ergebnisse sprechen für eine mehrheitlich sehr hohe Einstufung der Komplexität des Konzepts. Es lässt sich vor allem eine geringe Verständlichkeit des Konzepts feststellen, welche auf der sprachlichen Ebene auf die Vielzahl der Begrifflichkeiten sowie der verwendeten Anglizismen zurückgeführt wird. Auch inhaltliche Elemente, speziell die Ganzheitlichkeit des Konzepts, scheinen Probleme zu bereiten. Sie kann augenscheinlich nicht ohne Weiteres in einzelne Fragmente heruntergebrochen werden, was unter anderem auch den Vergleich mit bestehenden Konzepten und Praktiken (z. B. Recycling) erschwert. Die bereits von Recyclingexperten vermutete Gefahr von Verständnisproblemen in Bezug zu bestehenden Upcycling-Konzepten kann für das Cradle-to-Cradle-Konzept folglich bestätigt werden (SUNG 2015, 32). Aufgrund der negativen Korrelation zwischen einem hohen Komplexitätsgrad und der Adoptionsrate einer Adoption (ROGERS 2003, 257) lässt sich demnach feststellen, dass die hohe Komplexität einen hemmenden Einfluss auf den Adoptionsprozess des Cradle-to-Cradle-Konzepts ausübt.

Die Komplexität einer Innovation weist starke Interdependenzen zu den Faktoren Erprobbarkeit, Unsicherheiten und Notwendigkeit von Verhaltensänderung auf. Aus wirtschaftlicher Sicht handelt es sich bei der Umsetzung des Konzepts um eine kapitalintensive Investition, da es als gesamtgesellschaftlicher Ansatz nicht nur anteilig erprobt werden kann, ohne den Verlust des ganzheitlichen Charakters und damit den einhergehenden Nutzen zu riskieren. Die wahrgenommene Erprobbarkeit des Cradle-to-Cradle-Konzepts für potenzielle Adoptoren fällt somit, wie von den Experten bestätigt, gering aus. Die mit Erprobung verbundene Generierung und Wahrnehmung von Nutzungsvorteilen sowie die Minimierung von Unsicherheiten sind somit ebenfalls eingeschränkt (ROGERS 2003, 16; 258). Letztere stehen in Wechselwirkung mit der Komplexität einer Innovation und nehmen parallel zum Komplexitätsgrad zu (ROGERS 2003, 436; 448). Eine geringe Erprobbarkeit und damit eingeschränkte Wahrnehmung der Nutzungsvorteile sowie Minimierung der Unsicherheiten wirkt sich dementsprechend negativ auf die Adoptionsrate aus. Überdies erfordert die angestrebte Umgestaltung der gesamten Systemstruktur beziehungsweise die Abschaffung des linearen Cradle-to-Grave-Systems (siehe Kapitel 2.4.2; BRAUNGART/MCDONOUGH 2011a, 136; KONRAD/NILL 2001, 28; VAHS/BREM 2013, 67; VOß ET AL. 2005, 179), wie von den Experten angeführt, ein hohes Maß an Verhaltensänderung, welche ebenfalls als Hemmnis für den Adoptionsprozess einer Innovation gewertet wird (FICHTER/CLAUSEN 2013, 103).

Gegenwärtig lässt sich feststellen, dass speziell potenzielle Nachhaltigkeitsinnovationen aufgrund ihrer ungesicherten Bilanz des ökologischen und sozialen Nutzens gegenüber dem ökonomischen Mehrwert scheitern (KROPP 2013, 91). Die Generierung praktischer Beispiele zur Minimierung und Eliminierung bestehender Unsicherheiten sowie zur Bestätigung wirtschaftlicher Vorteile scheint somit von entscheidender Bedeutung für einen erfolgreichen Ablauf des Adoptionsprozesses zu sein.

Angesichts der Tatsache, dass der Komplexitätsgrad des Konzepts die Korrelationen der oben genannten Einflussfaktoren mit der Adoptionsrate negativ beeinflusst, wird dessen Wirkungsgrad innerhalb des Adoptionsprozesses deutlich. Obwohl ROGERS (2003, 257) die wahrgenommene Komplexität in ihrer Relevanz im Vergleich zum relativen Vorteil und der

Kompatibilität einer Innovation herabstuft, zeigen diese Ergebnisse, warum insbesondere eine hohe Komplexität als ernstzunehmende Innovationsbarriere gewertet werden sollte. Vor diesem Hintergrund liegt die Herausforderung in einer angepassten Kommunikationsstrategie, die es vermag, die wahrgenommene Komplexität des Konzepts zu vermindern.

Dies gilt auch für den von ROGERS (2003, 16) herausgestellten Einflussfaktor der Wahrnehmung einer Innovation. Während sich offensichtliche und selbsterklärende Innovationen tendenziell schneller und über diverse Kommunikationswege verbreiten, begrenzen sich andere vorwiegend auf die Bereiche, in denen sie präsent und verständlich sind (ebd., 16; 258). Aus den Ergebnissen wird deutlich, dass das Cradle-to-Cradle-Konzept nach Meinung der Experten gegenwärtig einen sehr geringen Bekanntheitsgrad aufweist, in Expertennischen verhaftet ist und unzureichend kommuniziert wird. Die Wahrnehmung des Ansatzes ist folglich stark eingeschränkt. Wie in den Interviews angeführt, kann ohne Kenntnis des Konzepts weder dessen Ablehnung noch Akzeptanz erfolgen. Eine erfolgreiche und breitenwirksame Kommunikation bildet demnach eine Grundlage für das Zustandekommen des Adoptionsprozesses und dessen Optimierung somit eine notwendige Bedingung für die erfolgreiche Diffusion des Cradle-to-Cradle-Konzepts.

Aufgrund der radikalen Natur des Cradle-to-Cradle-Konzepts waren diese Ergebnisse zu erwarten (siehe Kapitel 2.4.6). Radikale Innovationen zielen nicht auf eine Integration in bestehende gesamtwirtschaftliche und gesellschaftliche Entwicklungspfade, sondern auf eine Umgestaltung der gesamten Systemstruktur und sind folglich mit einer hohen Komplexität behaftet, schwer vorhersehbar und von diversen Unsicherheiten geprägt (VAHS/BREM 2013, 67; KONRAD/NILL 2001, 28; VOß ET AL. 2005, 179).

Kommunikation

Weitere Erkenntnisse in diesem Zusammenhang bietet die Betrachtung des Einflussfaktors Kommunikation. Diffusion wird von ROGERS (2003, 18) als spezielle Form der Kommunikation, deren Austausch und Inhalt sich auf die Innovation selbst beziehen, verstanden. Kommunikation bildet somit eine essenzielle Komponente der Diffusion, ohne die die Verbreitung einer

Innovation nicht stattfinden kann (ROGERS 2003, 18). Der entscheidende Einfluss der Kommunikationsstrukturen wurde auch im Zusammenhang mit der Cradle-to-Cradle-Entwicklung von der Mehrheit der befragten Experten herausgestellt. Hierbei wurde unter anderem auf den späten Aufbau der Kommunikationsstrukturen in Deutschland und ihre nach wie vor unzureichende Qualität und Breitenwirkung hingewiesen. Mit Blick auf die von ROGERS (2003, 18-20; 204-208) herausgestellte positive Korrelation zwischen einer erfolgreichen Kommunikation und einer beschleunigten Diffusionsdynamik lässt sich ein deutlicher Zusammenhang zwischen bestehenden Kommunikationsstrukturen um das Cradle-to-Cradle-Konzept und dessen Diffusionsdynamik in Deutschland feststellen. Der späte Aufbau der Kommunikationsstrukturen, Qualitätsprobleme sowie eine mangelnde Breitenwirkung scheinen sich negativ auf den Adoptionsprozess auszuwirken und bieten eine Erklärung für etwaige Entwicklungsunterschiede im internationalen Bereich. In Anbetracht dessen, dass Kommunikation eine essenzielle Komponente der Diffusion bildet (ROGERS 2003, 18), weisen diese Zusammenhänge auf bedeutsame Innovationsbarrieren hin, die die Diffusionsdynamik erheblich zu verlangsamen scheinen. Speziell der von diversen Experten angesprochenen Problematik der Fehlinterpretation des verwendeten Begriffs „Verschwendung" scheint eine besondere Relevanz zuzukommen. Der hohe Grad an differierenden sozioökonomischen Charakteristika der Individuen führt in diesem Fall, wie von ROGERS (2003, 19; 306) als potenzielle Gefahr heterophiler Kommunikation dargestellt, zu Wertekonflikten sowie Missverständnissen und spricht folglich für eine ineffektive Kommunikation. Den Beobachtungen der Experten nach spielen hier vor allem Werte und Normen der lang bestehenden Umwelttradition, wie beispielsweise Effizienz, Romantisierung der Natur sowie das Schuldverständnis des Menschen eine Rolle. Für die erfolgreiche Verbreitung des Konzepts sind jedoch eben diese Kommunikationsmuster von essentieller Bedeutung, da sie die erfolgreiche Übermittlung über das Peer-Netzwerk hinaus gewährleisten (ROGERS 2003, 306-307). Die von den Experten aufgeführte Problematik der Nischenverhaftung des Cradle-to-Cradle-Konzepts bestätigt diesen Zusammenhang. Hierin lässt sich auch eine Ursache der mangelnden Breitenwirkung des Konzepts vermuten. Die zu großen Teilen von Missverständnissen durchzogene heterophile Kommunikation wirkt demnach, wie von Rogers aufgeführt (Rogers 2003, 307), als Innovationsbarriere. Die Ergebnisse weisen somit auf einen erheblichen Optimierungsbedarf bestehender Kommunikationsstrukturen hin. Insbesondere das Erreichen einer effektiven heterophilen Kommunikation des Konzepts könnte eine entscheidende Hebelwirkung auf den Adoptionsprozess ausüben. Ohne eine erfolgreiche Überwindung wertebasierter Kommunikationsbarrieren besteht die Gefahr der fortwährenden Nischenverhaftung des Konzepts.

Makroökonomisches Umfeld

Aus makroökonomischer Sicht könnte zumindest ein Anstieg der Rohstoffpreise zu einer zwangsläufigen Umwandlung von Produktions- und Abfallsystemen führen (Rogoff 2013, 1187). Aber entgegen des immer wieder vorhergesagten Endes billiger Rohstoffe sind gegenwärtig weiterhin sinkende Rohstoffpreise zu verzeichnen (Bundesanstalt für Geowissenschaften und Rohstoffe 2015; Meadows et al. 1972, 36-74; Rogoff 2013, 1187; Sabin 2013, 216). Obwohl erste Pioniere der Cradle-to-Cradle-Implementierung positive Auswirkungen für Unternehmen ankündigen, können direkte ökonomische Effekte bis dato nicht quantitativ nachgewiesen werden (Crainer 2012, 44; Geng/Herstatt 2014, 15; 19). Aus der Sicht profitorientierter sowie vorwiegend auf Kurzfristigkeit auslegter Wirtschaftssysteme bestehen somit wenig ökonomische Anreize, in die Umstellung zur Kreislaufwirtschaft zu investieren.

Insbesondere im Hinblick auf durch sinkende Rohstoffpreise fehlende ökonomische Anreize schreibt die Mehrheit der Experten der Schaffung von Praxisbeispielen eine bedeutende Rolle zu. Eine veränderte Sicht auf die Praktikabilität und die Wirtschaftlichkeit des Konzepts könnte die Wahrnehmung des Konzepts maßgeblich beeinflussen und somit Anreize anderer Art schaffen. Nach Meinung der Experten bedarf es vor allem einem Exempel einer internationalen Wertschöpfungskettenumstellung nach Cradle-to-Cradle-Kriterien, das bisher noch nicht existent ist und somit gegenwärtig überwiegend als utopisch eingeschätzt wird. Die Befragten bemängeln die derzeitige Nischenverhaftung des Konzepts. Neben der Frage

„Wie viele?" rückt somit auch die Frage „Wer?" in das Blickfeld der Untersuchung. Die von FICHTER aufgestellten anbieterbezogenen Einflüsse wie die Größe und Art des Unternehmens (FICHTER/CLAUSEN 2013, 104) spielen somit im Cradle-to-Cradle-Adoptionsprozess eine wichtige Rolle. Abgesehen von der Relevanz bezüglich der Anwendbarkeit des Konzepts besitzen Key-Player und große Unternehmen aufgrund ihrer reichhaltigen Ressourcen das Potenzial, Adoptionsprozesse zu erleichtern und zu beschleunigen (ebd., 104). Je nach Ressourcenkontingent und Bekanntheit des Unternehmens kann dessen Einbindung in die Cradle-to-Cradle-Implementierung die Bandbreite der Kommunikation des Konzepts vergrößern sowie den Bekanntheitsgrad und die Wahrnehmung steigern. Gerade im Hinblick auf die aus den Ergebnissen hervorgegangenen mangelhaften Kommunikationsstrukturen und einen sehr geringen Bekanntheitsgrad des Konzepts könnte die Einbindung namhafter und großer Unternehmen einen entscheidenden Schritt für den gesamten Implementierungsprozess bedeuten. Insbesondere für den Übergang vom Nischen- zum Massenmarkt ist die Innovationsübernahme von größeren Anbietern, die einen hohen Bekanntheitsgrad aufweisen, vonnöten (FICHTER/CLAUSEN 2013, 106).

Dennoch deuten bestehende Studien sowie die Erfahrungen der Befragten darauf hin, dass sich das Konzept vorwiegend in nachhaltigkeitsorientierten Unternehmen durchsetzt (VAN DER MEULEN 2011, 94). Ergebnisse der von GENG und HERSTATT (2014, 3) durchgeführten Studie sprechen auch für die entscheidende Bedeutung der Befürwortung des Top-Managements für den Implementierungsprozess. Ein Grund für den erschwerten Zugang nachhaltiger Wirtschaftspraktiken sowie deren erfolgreiche Umsetzung in Unternehmen wird, wie auch im Zusammenhang mit Cradle to Cradle herausgestellt, unter anderem mit einer überwiegend ökonomisch profit orientierten Unternehmenskultur in Verbindung gebracht (BAUMGARTNER 2009, 102-112; GALPIN/WHITTINGTON/BELL 2015, 2). Neben der allgemeinen Gleichstellung ökonomischer, ökologischer und sozialer Ziele betonen YOUNG und TILLEY (2006, 403-406; 414) im Zusammenhang mit der Einführung öko-effektiver Ansätze ebenso wie die befragten Experten insbesondere die in der Nachhaltigkeitspraxis stark verankerte Effizienzstrategie. Der Wirtschaftspraxis unterliegende Werte und Normen des Unternehmens scheinen demnach auch für die Implementierung des Cradle-to-Cradle-Konzepts eine relevante Rolle zu spielen und die strategisch wichtige Einbindung großer Unternehmen zu hemmen. Die zukünftige Entwicklung des Cradle-to-Cradle-Adoptionsprozesses scheint somit maßgeblich davon abzuhängen, inwiefern es gelingt, einen kulturellen Wandel dieser traditionellen Wirtschaftsstrukturen zu forcieren und durchzusetzen.

Politisch-rechtliches Umfeld

Im Rahmen nachhaltiger Transformationsprozesse, die langfristige und multidimensionale Veränderungsprozesse erfordern, wird insbesondere der politischen Steuerung eine entscheidende Rolle zugesprochen (MARKARD ET AL. 2012, 956). Bestehende soziotechnische Systeme zeichnen sich üblicherweise durch ein starkes Beharrungsvermögen aus, wodurch gezielte Interventionen staatlicher, aber auch ziviler Akteure unabdingbar werden (ebd., 964). Die Durchsetzung der Mülltrennung, die Einführung der Pfandsysteme sowie die damit einhergehende Neukonfiguration kultureller Praktiken sind maßgeblich auf staatliche Intervention zurückzuführen und zeigen auf, welche Reichweite und welchen Wirkungsgrad politische Steuerungsmaßnahmen erreichen können (STIESS 2013, 36). Wie in einer Studie zu den Erfolgsfaktoren der Implementierung des Konzepts in den Niederlanden verdeutlicht, befindet sich die Cradle-to-Cradle-Implementierung noch in den Anfängen und ist aus diesem Grund zumindest anfänglich zu einem gewissen Grad auf politische Starthilfe angewiesen (VAN DER MEULEN 2011, 92). Die im Rahmen dieser Arbeit im Hinblick auf das politisch-rechtliche Umfeld gewonnenen Ergebnisse sprechen jedoch für einen sehr geringen politischen Rückhalt für das Cradle-to-Cradle-Konzept in Deutschland. Die Absenz staatlich „regulative[r] Push und Pull-Aktivitäten" (FICHTER/CLAUSEN 2013, 109) zur Förderung von Nachhaltigkeitsinnovationen übt einen hemmenden Einfluss aus (ebd.).

Das 1994 erstmalig in Deutschland eingeführte und 2012 erneuerte Kreislaufwirtschaftsgesetz verdeutlicht die Ansätze bestehender Recyclingpolitik (BUNDESMINISTERIUM DER JUSTIZ UND FÜR VERBRAUCHERSCHUTZ & JURIS GMBH 2013, 1; SCHEELHASE/SEMISCH 2008, 26). Eine gering ausgelegte Recyclingquotenerhöhung bis 2020 von 2 % (von 63 auf 65 %) sowie eine

Gleichstellung der stofflichen und thermischen Verwertung veranschaulichen eine nach wie vor ausbleibende Priorisierung der stofflichen Wiederverwertung (KURTH 2012, 22). Die nach FICHTER und CLAUSEN (2013, 109) einschränkenden institutionellen Rahmenbedingungen in Form von bestehenden Gesetzen oder behördlichen Vorschriften, die einem Adoptionsprozess entgegenstehen können, lassen sich dementsprechend anhand der Ergebnisse feststellen. Sowohl die Ergebnisse dieser als auch der Studie von VAN DER MEULEN (2011, 88) weisen darauf hin, dass Verordnungen und Gesetze keinen umfassenden Anreiz dafür bieten, das Cradle-to-Cradle-Konzept umzusetzen. Als Grund führten die in der Studie befragten Unternehmen an, dass Regulierungen zur Erzielung von Umweltzielen in der Regel auf einzelne Systemkomponenten bezogen sind, eine Cradle-to-Cradle-Umstellung jedoch auf eine gesamte Systemumstellung ziele (ebd., 88). Politische Mechanismen, die die eigenen Interessen und die Verantwortungsübernahme von Unternehmen und Konsumenten an nachhaltigen Entscheidungsprozessen stärken, stellen im Gegensatz zu regulativen Maßnahmen nach Einschätzung der niederländischen Unternehmen einen weitaus erfolgreicheren Ansatz für die Implementierung des Cradle-to-Cradle-Konzepts dar (ebd., 90-92) und decken sich mit den Aussagen der Experten der vorliegenden Untersuchung. Diese fordern vor diesem Hintergrund eine Abkehr von einer stark regulativ orientierten Politik hin zu einer vermehrt Anreiz schaffenden Strategie für qualitatives Design. Auch VAN DER MEULENS (ebd., 93) Annahme, dass die Einführung der notwendigen politischen Maßnahmen für einen solchen ganzheitlichen Ansatz die Zusammenarbeit diverser Politikfelder erfordert, jedoch aufgrund starker Fragmentierung derzeit keine politische Praxis ist, wird im Rahmen der vorliegenden Studie herausgestellt. Es lässt sich demnach vermuten, dass die Überwindung politisch fragmentierter Entscheidungsprozesse sowie vorwiegend regulativ ausgerichteter politischer Praxis einen entscheidenden Anstoß für den Cradle-to-Cradle-Adoptionsprozess geben könnte.

Befragungen niederländischer Unternehmen ergaben, dass fehlende politische Unterstützung primär dadurch zu erklären ist, dass derzeit weitaus populärere Alternativen zur Nachhaltigkeitsförderung diskutiert werden (VAN DER MEULEN 2011, 93). Wie auch im Verlauf dieser Untersuchung wurde in diesem Zusammenhang insbesondere die in der Politik dominierende Effizienzorientierung herausgestellt (ebd., 93). Wie bereits in Kapitel 2.3 herausgearbeitet, stellt die Effizienzstrategie eine Schlüsselfunktion für die angestrebte Entkopplung von Wirtschaftswachstum und Ressourcenverbrauch dar (ADERHOLD 2005, 7; HOWALDT/JACOBSEN 2010, 9; BMU 2010, 17; RÜCKERT-JOHN 2013, 13; SCHWARZ ET AL. 2010, 165). Zur erfolgreichen Realisierung eines öko-effektiven Ansatzes wie Cradle to Cradle ist deshalb, wie auch von GRIEFAHN und RYDZY (2013, 433-436) angeführt, vor allem ein kultureller Maximenwechsel notwendig, in dessen Rahmen die Neuentwicklung gesellschaftlicher und politischer Leitbilder zulässig ist.

Soziales System

Ein auffällig großer Anteil der von den Experten aufgeführten Aspekte bezieht sich auf die Auswirkung kultureller Gegebenheiten auf den Adoptionsprozess. Folglich deuten die Ergebnisse auf eine sehr bedeutsame Rolle des sozialen Systems hin. Die von den Experten angesprochenen Aspekte bezüglich bestehender Problem- und Bedürfniswahrnehmung, kultureller Praktiken sowie Werte und Normen stehen den dem Konzept unterliegenden Werten und Normen sowie Praktiken zum größten Teil entgegen (Öko-Effektivität vs. Effizienz; Technik vs. Soziales; Wachstumsreduktion vs. intelligente Verschwendung; linear vs. zirkulär etc.). Sie weisen überdies starke Interdependenzen zu den weiteren Einflussfaktoren auf. Neben dem geringen Bekanntheitsgrad und einer Einstufung des Konzepts als Utopie führen die vorherrschenden Werte nach Einschätzung der Experten zu einer sehr geringen Bedürfniswahrnehmung der Individuen. Die Ergebnisse sprechen dafür, dass im Fokus gesellschaftlicher Probleme und möglicher Lösungsansätze nach wie vor die kontrovers geführte Wachstumsdebatte sowie effiziente und technologische Lösungsansätze zur Minderung der ökologischen und sozialen Folgeschäden industrieller Entwicklungen stehen. Überdies stellen bestehende politische und wirtschaftliche Strukturen keine sehr fruchtbare Grundlage für den Adoptionsprozess dar. Es lässt sich demnach eine hohe Inkompatibilität zwischen dem Cradle-to-Cradle-Ansatz und den derzeit bestehenden kulturellen Praktiken, Werten und Normen sowie der gesellschaftlichen Problem- und Bedürfniswahrnehmung in

Deutschland feststellen. Auch wenn eine hohe Kompatibilität den Adoptionsprozess erleichtern kann, bedeutet sie im Gegensatz zu inkompatiblen Innovationen auch gleichzeitig einen verhältnismäßig geringen Modifikationsgrad (ROGERS 2003, 243-245). Der hohe angestrebte Modifikationsgrad bestätigt C2C als radikale Innovation. Kommt es zu einem Beharren auf aktuellen gesellschaftlichen Strukturen, kann die Inkompatibilität die Adoption hemmen oder gar verhindern (ROGERS 2003, 241). Wie in der Diffusionstheorie deutlich gemacht (ebd., 16; Kapitel 2.5.1), erfordert die hohe Inkompatibilität des Cradle-to-Cradle-Konzepts mit dominierenden kulturellen Werten eine vorausgehende Modifikation des Wertesystems, wodurch der Adoptionsprozess erheblich verlangsamt wird.

5.3   Kultur als Schlüssel

Neben bereits genannten Aspekten, die in den Kontext von Kultur gesetzt werden können, deuten die Ergebnisse auch auf einen kausalen Zusammenhang zwischen dem Rückstand der Cradle-to-Cradle-Entwicklung Deutschlands im internationalen Vergleich und der mäßigen deutschen Innovationsfähigkeit hin. Hierbei wird unter anderem explizit auf eine für Deutschland typische Zurückhaltung bei der Einnahme von Vorreiterrollen hingewiesen. Gemessen am Global Innovation Index, welcher globale Innovationstrends von 141 Ländern identifiziert und analysiert, belegt Deutschland im internationalen Vergleich bei der Quantität der Innovationen den 12. Platz (CORNELL UNIVERSITY; INSEAD & WIPO 2015, XVII; XXX). Die in den Interviews häufig als Vorreiter genannten USA (5) und die Niederlande (4) gehören mit der Schweiz (1), Großbritannien (2) und Schweden (3) zu den innovativsten Nationen der Welt (ebd., XXX). Die Niederlande und die USA nehmen damit auch über Cradle to Cradle hinaus international eine führende Rolle als Innovationstreiber ein. Die von Frau Griefahn angesprochene schwach entwickelte Start-up-Kultur Deutschlands spiegelt sich ebenfalls in internationalen Vergleichsstudien wider (CORNELL UNIVERSITY ET AL. 2015, 314; STERNBERG/VORDERWÜLBECKE/BRIXY 2013; STERNBERG/VORDERWÜLBECKE/BRIXY 2014). Bezüglich der Rahmenbedingungen einer Unternehmensgründung belegt Deutschland von 141 Ländern den

93. Platz und auch in einer internationalen Vergleichsstudie zur Unternehmensgründung in 2014 liegt Deutschland von 28 untersuchten Ländern auf Platz 27 (STERNBERG ET AL. 2014, 9). Stehen qualitative Kriterien im Fokus, belegt Deutschland jedoch hinter den USA, Großbritannien und Japan den vierten Platz (CORNELL UNIVERSITY ET AL. 2015, 13-14).

Speziell in Deutschland wird dennoch fortwährend ein grundlegendes Innovationsdefizit bemängelt (WEHRSPAUN 2012, 68). Nicht der Prozess der Erarbeitung einer Invention an sich, sondern deren gesellschaftliche Integration und Veralltäglichung stellt hierzulande einen zumeist schleppenden Prozess dar (ebd., 68; HESS 2006). Neben Kostenengpässen und ungünstigen politischen Rahmenbedingungen wird in Studien auch der Einfluss nationaler Kulturen auf die Innovationsfähigkeit als Ursache genannt (HESS 2006; ROSSBERGER/KRAUSE 2015; SHANE 1995; SULLY DE LUQUE/JAVIDAN 2004). Eine aktuelle Studie deutet darauf hin, dass sich innovative Nationen in ihrer kulturellen Konfiguration von innovationsschwächeren Nationen unterscheiden (ROSSBERGER/KRAUSE 2015, 226). Ein starker Prädikator für die Innovationsfähigkeit einer Nation ist laut der Untersuchung die Uncertainty Avoidance[9]. Je niedriger die Uncertainty Avoidance einer Kultur, desto höher die Innovationsfähigkeit eines Landes (ebd., 226). Der Grad der Uncertainty Avoidance einer Kultur manifestiert sich in der Intensität, in der die Mitglieder einer Gesellschaft mithilfe sozialer Normen und Rituale sowie durch bürokratische Strukturen Risikovermeidung betreiben. Ziel ist es, die Eintrittswahrscheinlichkeit unvorhergesehener Ereignisse und damit einhergehende potenzielle Gefahren zu seinen eigenen Gunsten zu

---

9   Uncertainty Avoidance ist eine von diversen in der transkulturellen Forschung entwickelten Kulturdimensionen, die als Grundlage für das Forschungsprojekt GLOBE dienten (Global Leadership and Organizational Behaviour Effectiveness Research Program) (HOUSE ET AL. 2004). Innerhalb dieser Studie wurden 17.000 Manager von insgesamt 951 Unternehmen aus 62 verschiedenen Kulturkreisen zu verschiedenen Standpunkten befragt (HOUSE 2004, 3-6). Mittels der Befragung wurden alle Kulturkreise hinsichtlich ihrer Ausprägungen in den Kulturdimensionen Performance Orientation, Future Orientation, Gender Egalitarianism, Assertiveness, In-Group Collectivism, Institutional Collectivism, Power Distance, Uncertainty Avoidance und Human Orientation untersucht, wobei zwischen den Wertevorstellungen und ihrer tatsächlichen Praktizierung unterschieden wurde (HOUSE/JAVIDAN 2004, 11-13). Für eine genaue Beschreibung der Kulturdimensionen siehe HOUSE/JAVIDAN 2004, 11-13.

beeinflussen (HOUSE/JAVIDAN 2004, 11-13). Da Innovationen im Allgemeinen mit Unsicherheiten verbunden sind und das Cradle-to-Cradle-Konzept im Speziellen mit einer hohen Risikowahrnehmung einhergeht, kann auch hier ein Zusammenhang zwischen dem Grad der Uncertainty Avoidance und der Innovativität eines Landes gesehen werden (SHANE 1995, 47; SULLY DE LUQUE/JAVIDAN 2004, 606-607; ROSSBERGER/KRAUSE 2015, 226). Dieser Zusammenhang könnte erklären, weshalb Neuerungen in Deutschland eine starke Skepsis entgegengebracht wird. An bestehenden traditionellen Praktiken wird auch dann festgehalten, wenn diese in einer sich verändernden Umwelt nicht mehr angemessen sind (SULLY DE LUQUE/JAVIDAN 2004, 606-607). Zum anderen könnte hierin der Grund für die in den Interviews angesprochene zögerlich eingenommene Vorreiterrolle Deutschlands bei Innovationen liegen. Gemessen an der GLOBE-Studie zeichnet sich die deutsche Kultur durch einen sehr hohen Grad an Uncertainty Avoidance aus (SULLY DE LUQUE/JAVIDAN 2004, 622). Eine aktuelle Studie der PA Consulting Group bestätigt vorhandene Umsetzungsdefizite Deutschlands und die Favorisierung kleinschrittiger Verbesserungen von bestehenden Strukturen gegenüber radikalen Neuerungen (PA CONSULTING GROUP 2015, 75).

Als radikale Innovation steht das Cradle-to-Cradle-Konzept in Deutschland somit einer kulturell bedingten Zurückhaltung gegenüber. Folglich kann die von den Experten herausgestellte Skepsis nicht allein durch die Konzepteigenschaften und deren Interdependenzen mit weiteren Einflussfaktoren erklärt werden. Im Vergleich zu Vorreiternationen, wie den Niederlanden oder den USA, können Unterschiede somit zum Teil auf die kulturelle Prägung sowie deren Einfluss auf die Innovativität eines Landes zurückgeführt werden.

Überdies sprechen die Ergebnisse für einen starken Einfluss der gegenwärtigen kulturellen Praxis sowie der Werte und Normen der traditionellen Umweltbewegung. Bis auf zwei Ausnahmen verweisen alle Befragten auf den negativen Einfluss des speziell in Deutschland kulturell-dominierenden Effizienzprinzips auf den Adoptionsprozess des Cradle-to-Cradle-Konzepts. Überdies werden in diesem Zusammenhang die Favorisierung technologischer Lösungsansätze, die Verankerung eines profitorientierten Wachstumsverständnisses sowie die romantisierte Natur-Mensch-Beziehung als dem Adoptionsprozess stark entgegenstehende Werteorientierungen gewertet.

Betrachtet man die Interdependenzen des Effizienzprinzips, inklusive aller Verbindungen zu weiteren Einflussfaktoren, wird dessen große Wirkmacht auf den Adoptionsprozess deutlich. Konfrontiert man ein auf Effizienz ausgerichtetes Glaubenssystem mit den Werten des Cradle-to-Cradle-Konzepts, lässt sich entsprechend der Ergebnisse annehmen, dass dies zu wertebasierenden Missverständnissen, kritischer Resonanz und nicht selten zu kategorischer Ablehnung führt. Wie bereits in Kapitel 2.3 hinreichend dargelegt, stellt die Effizienzstrategie eine Schlüsselfunktion für die angestrebte Entkopplung von Wirtschaftswachstum und Ressourcenverbrauch dar und gilt somit gegenwärtig als ökonomische und politische Handlungsmaxime (ADERHOLD 2005, 7; HOWALDT/JACOBSEN 2010, 9; BMU 2010, 17; RÜCKERT-JOHN 2013, 13; SCHWARZ ET AL. 2010, 165). Ökonomische und politische Kräfte zielen gegenwärtig vorwiegend auf die Verringerung von Ressourcenverbrauch und schädlichen Nebeneffekten bei gleichzeitiger Profitorientierung ab (PAECH 2012, 53-54), wodurch die Adoption von Vermeidungsansätzen wie das Cradle-to-Cradle-Konzept nach Einschätzungen der Experten erschwert wird. Gleichermaßen stehen technische Ansätze im Fokus gesellschaftlicher Betrachtungen (ADERHOLD 2005, 7; HOWALDT/JACOBSEN 2010, 9; PAECH 2012, 53-54; RÜCKERT-JOHN 2013, 13, SCHWARZ ET AL. 2010, 165), wodurch sich nach Meinung der Experten die sozialen Komponenten des Konzepts schwer durchsetzen lassen und nach bisherigen Erfahrungen kaum wahrgenommen beziehungsweise selten in ihrer ganzheitlichen Bedeutung erfasst werden.

Der im Nachhaltigkeitsdiskurs zunehmend kritisierte Fokus auf effizienzorientierte Ansätze sowie der Mangel an erfolgreichen sozialen Innovationen als Ursachen schleppender Entwicklungserfolge scheinen somit berechtigt. Trotz zahlreicher globaler Krisen und den zunehmenden Dysfunktionalitäten des auf Wachstum und technischen Fortschritt beruhenden Konsum- und Wirtschaftssystems des industrialisierten Nordens bleibt dieses als politisches, ökonomisches und gesellschaftliches Leitbild bestehen (KROPP 2013, 87; PAECH 2012, 45). So stehen Wachstum, Effizienz und technologischer Fortschritt nach wie vor im Zentrum des Nachhaltigkeitsdiskurses und werden zur Bewältigung eben der Krisen, die diese Paradigmen selbst hervorgebracht haben, vorwiegend herangezogen (ADERHOLD 2005, 7; HOWALDT/JACOBSEN 2010, 9; PAECH 2012, 225; RÜCKERT-JOHN 2013, 13; SCHWARZ ET AL. 2010, 165).

Es lässt sich demnach vermuten, dass der Modifikation des bestehenden Glaubenssystems und den damit verbundenen Leitbildern eine bedeutsame Rolle im Adoptionsprozess von Cradle to Cradle zukommt. Diese Vermutung bekräftigt die von GRIEFAHN und RYDZY (2013, 275; 430) herausgearbeitete Annahme, dass zur erfolgreichen Implementierung des Cradle-to-Cradle-Konzepts die Auflösung des widersprüchlichen Nachhaltigkeitsziels „Wirtschaftswachstum bei gleichzeitiger Konsumreduzierung" (ebd., 275) sowie die Entwicklung neuer Leitbilder notwendig sind.

Betrachtet man die Aussagen der Experten zur Unvereinbarkeit sich gegenüberstehender linearer und zirkulärer Denksysteme, lassen sich weitere Interdependenzen feststellen, welche die Tragweite kultureller Einflüsse auf die gesellschaftliche Lösungsentwicklung und somit auf den Cradle-to-Cradle-Adoptionsprozess verdeutlichen. In seinem Buch „Business Sutra. A very Indian Approach to management" deckt der indische Coach und Mythologe DEVDUTT PATTANAIK (2013) Zusammenhänge zwischen gelebten Wirtschaftspraktiken und westlichen kulturellen Mythen, Ritualen und Symbolen auf und stellt ihnen eine auf indischen Mythen basierende Ansicht gegenüber. Er stellte diverse tiefgreifende Unterschiede zwischen den Wertesystemen und daraus resultierenden Praktiken fest (ebd., 2013). Das Glaubenssystem vieler westlicher Kulturen wurzelt in der Vorstellung der Verfügbarkeit eines einzelnen Lebens und ist religiös von der Verehrung eines einzelnen Gottes geprägt. Kulturen dieser Ausprägung zeichnen sich nach PATTANAIK (2013, 38) durch eine lineare Erfassung der Welt aus und sind stark leistungs- und zielorientiert. Darüber hinaus weisen sie eine gewisse Affinität zu Wettkämpfen sowie die Neigung, Glaubenssysteme gegeneinander abzuwägen, auf. Ziel dessen ist es, den besten oder richtigen Ansatz über andere zu stellen beziehungsweise falsche oder unbedeutende zu diskreditieren. Ein Glaube beziehungsweise ein Ansatz erhält somit kulturelle Priorität und verdrängt differente Sichtweisen in den Hintergrund (PATTANAIK 2013, 14). Die Fokussierung auf einen optimalen Glaubensweg führt seiner Erkenntnis nach naturgegeben zu einer sehr effizienten Gesellschaft, in der die Modifikation des Glaubenssystems jedoch eine sehr herausfordernde Angelegenheit darstellt. Hiermit erklären sich seiner Auffassung nach das Verlangen nach global anwendbaren ethischen und moralischen Regeln sowie die Konzentration auf regulierende Maßnahmen. Aufgrund der Systembedingungen und dem daraus resultierenden Glauben, dass menschliches Verhalten nur bedingt veränderbar sei, konzentriert sich eine solche Gesellschaft auf die Veränderung der äußeren Umstände. In Kulturen, deren Glaubenssystem in der Vorstellung der Verfügbarkeit einer Vielzahl von Leben wurzelt und in denen diverse Götter verehrt werden, herrscht ein zirkuläres Verständnis der Welt vor. Der Veränderung und Weiterentwicklung eines Individuums wird in diesem Kulturkreis ein höherer Wert zugesprochen als der Umgestaltung der Welt. Jeder individuelle Glaube hat demnach seine Berechtigung. Ziel ist es, vom eigenen Glaubenssystem abweichende Werte mit einzubeziehen, anstatt sie zu diskreditieren. Daraus resultiert eine Neigung zu Diversität, aber ebenso die Entwicklung weniger effizienter Gesellschaftsstrukturen (ebd., 15).

Diese Betrachtungsweise verdeutlicht, wie tief die Technik- und Effizienzorientierung sowie die Favorisierung regulierender Maßnahmen in unserer Kultur verankert ist. Darüber hinaus bietet sie einen Erklärungsansatz dafür, weshalb die Durchsetzung eines Ansatzes, der auf die Veränderung menschlicher Verhaltens- und Glaubenspraktiken abzielt, hierzulande eine solche Herausforderung darstellt und warum der Fokus gegenwärtiger Praxis auf der Optimierung der Umweltfaktoren liegt. Dies bedeutet nicht, dass sich lineare Denk- beziehungsweise Kultursysteme ausschließlich nachteilig auf den Cradle-to-Cradle-Adoptionsprozess auswirken und ein rein zirkuläres Kultursystem anzustreben ist. Sind sie jedoch zu stark ausgeprägt, scheinen sie eine hemmende Wirkung auszuüben. Die Herausforderung besteht somit darin, herauszufinden, inwieweit eine Modifikation nützlich und notwendig ist.

Wie der Zusammenhang zwischen kultureller Ausprägung und Innovationsverhalten einer Nation sinnbildlich zeigt, stellt kulturelle Prägung einen wesentlichen Einflussfaktor des Cradle-to-Cradle-Adoptionsprozesses dar. Sie wird als soziales Kontrollsystem verstanden und beeinflusst in hohem

Maße das Verhalten aller Mitglieder eines sozialen Systems (FLYNN/CHATMAN 2001, 266). Die im Rahmen der Befragung geäußerte Hypothese, das Konzept könne sich als wirtschaftsliberaler Ansatz weitgehend über ökonomische Hebelwirkungen durchsetzen, lässt sich vor diesem Hintergrund nicht halten. Es ist davon auszugehen, dass die langsame Diffusionsdynamik von Cradle to Cradle in nicht unerheblichem Maße auf soziokulturellen Blockaden gründet. Dies bekräftigt die im Nachhaltigkeitsdiskurs zunehmend diskutierte Notwendigkeit einer gesamtgesellschaftlichen Transformation zur Erreichung der Nachhaltigkeitsziele (EMIG 2013, 7; MARKARD ET AL. 2012, 956; SCHNEIDEWIND 2013, 7; VOẞ ET AL. 2005, 178). Die Ergebnisse legen nahe, dass radikale Nachhaltigkeitsinnovationen ohne eine Modifikation der Werte schwer durchzusetzen sind. Somit kommt der gesamtgesellschaftlichen Fähigkeit, bestehende kulturelle Werte und Praktiken zu hinterfragen und im erforderlichen Maße zu modifizieren, nicht nur für die Überwindung des Sustainability Gaps (SCHWARZ/HOWALDT 2013, 60), sondern auch zur Überwindung der Adoptionsbarrieren des Cradle-to-Cradle-Prozesses eine fundamentale Rolle zu. Ohne die Transformation bestehender kultureller Paradigmen werden Bemühungen um technologische, ökonomische und politische Veränderungen sowohl bezüglich einer nachhaltigen Entwicklung (KAGAN 2012, 11) als auch im Hinblick auf den Cradle-to-Cradle-Adoptionsprozess weitestgehend erfolglos bleiben.

5.4 Diffusionsdynamik des Cradle-to-Cradle-Konzepts

Betrachtet man die Summe der aufgeführten Einflussfaktoren und deren Ausprägung, so lassen sich starke Ähnlichkeiten zu zwei der von FICHTER und CLAUSEN (2013, 223-249) aufgestellten Cluster von Nachhaltigkeitsinnovationstypen feststellen (siehe Kapitel 2.5.3). Innovationen des Clusters „Komplexe Produkte oder Lösungen mit unklarem oder langfristigem Nutzen" (FICHTER/CLAUSEN 2013, 226) weisen wie das Cradle-to-Cradle-Konzept eine hohe Komplexität auf und sind mit hohen Unsicherheiten verbunden. Der wahrgenommene Nutzen unterliegt einer langfristigen Umsetzung und ist zudem noch nicht gesichert. Hieraus resultieren geringe wirtschaftliche Aktivitäten kleiner und wenig namhafter Anbieter rund um das Cradle-to-Cradle-Konzept sowie wenig politisches und mediales Interesse. Die die Diffusionsdynamik steigernde Wirkung der Einflussfaktoren ist durchweg unterdurchschnittlich, ein geringer Marktanteil sowie eine langsame Diffusionsdynamik sind die Folge (ebd., 226). Im Hinblick auf weitere Charakteristika der Einflussfaktoren sind die Ergebnisse zu großen Anteilen auch mit dem Cluster „Grundlageninnovationen mit hohem Verhaltensänderungsbedarf" deckungsgleich, welches sich vor allem auf nachhaltige Produkt- und Serviceinnovationen bezieht (ebd., 228). Der hohe Veränderungsbedarf sowie eine hohe Inkompatibilität bei gleichzeitig starken Bindungskräften von bestehenden Techniken und Lösungen sind Ursache begrenzter sowie langsamer Diffusionsdynamiken (ebd., 228; 246). Trotz eines potenziell hoch eingestuften Beitrags zur nachhaltigen Entwicklung ist auch hier die Umsetzungsquote sehr gering (ebd., 229).

Beide Cluster weisen sehr langsame Diffusionsdynamiken von ca. 25-30 Jahren auf. Mit den bereits vergangenen 25 Jahren seit Entstehung des Konzepts lässt sich diese auch in diesem Fall feststellen (EPEA 2015c; FICHTER/ CLAUSEN 2013, 236-239). Für die Durchsetzung dieser Innovationstypen müssen laut FICHTER und CLAUSEN „besonders ‚harte Nüsse'" (2013, 246) geknackt werden, um bestehende wirtschaftliche, organisatorische, technische und kulturelle Muster aufzubrechen beziehungsweise abzulösen. Wirtschaftlichkeit, NGOs, junge Unternehmen sowie politische Starthilfe wirken sich in der Regel stimulierend auf Diffusionsdynamiken dieser Innovationstypen aus (ebd., 245). Ebenfalls charakteristisch für das Cluster „Komplexe Produkte mit unklarem oder langfristigem Nutzen" ist ein häufig zu erkennender Teufelskreis (ebd., 247). Informationsdefizite bezüglich des Nutzens einer Innovation in Kombination mit starken Unsicherheiten führen nicht selten zu der Absenz politischer Förderungsstrategien, wodurch wiederum unsichere Rahmenbedingungen entstehen, die keinen Anreiz für potenzielle Investoren und Adoptoren bieten (ebd., 247-248). Zusätzlich verstärken zumeist hohe Innovationskosten diesen Umstand und Stagnation der Diffusion ist in vielen Fällen die Folge. Einigen Innovationen gelingt trotz dieser widrigen Umstände dennoch nach häufig „langen Durststrecken" der

Durchbruch. Dennoch ist dieser zumeist stark von der Politik abhängig (FICHTER/CLAUSEN 2013, 248).

Die Ergebnisse dieser Studie bezüglich des Adoptionsprozesses des Cradle-to-Cradle-Konzepts stimmen in hohem Maße mit diesen Clustern überein. Es lässt sich zum einen feststellen, dass eine langsame Diffusionsdynamik mit Wertekonflikten geschuldeten starken gesellschaftlichen Widerständen die Regel dieses Innovationstyps ist. Zum anderen verdeutlichen die Ergebnisse die bestehende Gefahr einer Stagnation der Cradle-to-Cradle-Diffusion sowie die Notwendigkeit steuernder Maßnahmen. Der nach 25 Jahren (EPEA 2015c) fortwährende Pionierstatus des Cradle-to-Cradle-Konzepts scheint mit einer hohen Anzahl bisher noch nicht überwundener Innovationsbarrieren in Zusammenhang zu stehen. Die Übereinstimmung des Ansatzes mit den Charakteristika beider Cluster und eine somit hohe Anzahl an schwerwiegenden Innovationsbarrieren erklärt eine überdurchschnittlich langsame Diffusionsgeschwindigkeit. Politische Starthilfe, die Herausstellung und Stärkung der Wirtschaftlichkeit des Konzepts sowie die Erweiterung der Anschlussfähigkeit an bestehende Strukturen könnten sich als entscheidende Faktoren für den Erfolg der Implementierung des Cradle-to-Cradle-Konzepts erweisen. Hier bedarf es weiterer Forschung, um den genauen Diffusionsverlauf von Cradle to Cradle zu bestimmen.

5.5   Grenzen der Methoden

Die vorliegende Arbeit unterliegt diversen Einschränkungen, die auf die gewählte Erhebungsmethodik zurückzuführen sind. Aufgrund der geringen Stichprobenanzahl sowie der zur Kategorienbildung vorgenommenen induktiven Vorgehensweise ist den Ergebnissen ein hoher Subjektivitätsgrad zuzuschreiben. Die Repräsentativität und Generalisierung der Ergebnisse kann somit nicht gewährleistet werden.

Weitere Einschränkungen der Ergebnisse ergeben sich aus der Zusammensetzung der Stichprobe. Zum einen setzt sich diese ausschließlich aus Experten zusammen, die sich engagiert für die Einführung des Konzepts einsetzen. Die Wahrnehmung entspricht somit einer überaus proaktiven Stichprobe. Aufgrund der damit einhergehenden Subjektivität bedarf es weiterer Forschung zur Bestätigung oder Differenzierung dieser ersten Ergebnisse, bevor eine Generalisierung der erfassten Einflussfaktoren möglich ist.

Zum anderen war es im Rahmen dieser Studie nicht möglich, eine ausreichend differenzierte Auswahl an Interviewpartnern zu gewährleisten. Trotz des Versuchs, ein möglichst breites Perspektivenspektrum anhand der Auswahl der Interviewpartner zu gewährleisten, ist dennoch ein starker Anteil von EPEA-Mitarbeitern zu verzeichnen. Es kann nicht ausgeschlossen werden, dass insbesondere stark vertretene Faktoren durch diesen Umstand beeinflusst wurden beziehungsweise auf diesen zurückgeführt werden können. Ferner ist die Wahrscheinlichkeit gegeben, dass weitere bestehende Einflussfaktoren aufgrund des einschränkenden Perspektivenspektrums nicht erfasst werden konnten.

Die Ergebnisse könnten darüber hinaus durch die Anwesenheit der Interviewerin, durch ihr Verhältnis zu den Interviewpartnern sowie durch die Art der Fragen, Nachfragen, Äußerungen oder durch fehlende Nachfragen beeinflusst worden sein.

Des Weiteren ist zu beachten, dass es sich bei den Ergebnissen dieser Studie um eine Momentaufnahme des Adoptionsprozesses und der geltenden Einflussfaktoren handelt. Eine vollständige Abbildung des inhärenten Prozesses ist somit nicht gegeben.

5.6   Forschungsausblick

Als eine der ersten Studien in diesem Fachgebiet haben die Untersuchungsergebnisse im Zusammenhang mit den angeführten Einschränkungen der Erhebungsmethodik einen stark explorativen Charakter und ermöglichen einen ersten Überblick über das Forschungsfeld. Zur Bestätigung und weiteren Einordnung der erfassten Aspekte sind jedoch diverse Folgestudien notwendig.

Neben der Bestätigung der identifizierten Einflussfaktoren sind detaillierte Untersuchungen der einzelnen Faktoren vorstellbar, um tiefgehende Erkenntnisse über Wirkung und Zusammenhänge dieser Faktoren sowie deren Relevanz innerhalb des Adoptionsprozesses zu gewinnen.

Dies gilt gleichermaßen für die Einflussfaktoren, für die im Rahmen dieser Studie keinerlei Korrelation mit dem Adoptionsprozess von Cradle to Cradle festzustellen war. Überdies besteht die Möglichkeit, dass weitere Aspekte des Adoptionsprozesses in Deutschland aufgrund der methodischen Einschränkungen nicht abgedeckt werden konnten. Es gilt demnach, in nachfolgenden Studien die erfassten Einflussfaktoren und ihre Wirkung zu bestätigen, die Zusammenhänge und Wirkung vertiefend zu analysieren sowie sicherzustellen, dass alle relevanten Einflussfaktoren erfasst werden.

Um eine empirisch fundierte Aussage über eine gegebenenfalls international differierende Entwicklung des Cradle-to-Cradle-Konzepts zu treffen, sind neben der tiefgehenden Analyse einzelner Faktoren vor allem internationale Vergleiche des Prozesses notwendig. Nur im Zusammenhang mit internationalen Daten der Cradle-to-Cradle-Entwicklung lässt sich eine mögliche Differenzierung der Adoptionsgeschwindigkeit feststellen. Anhand internationaler Untersuchungen und Vergleiche ließe sich darüber hinaus konstatieren, welche Faktoren im Allgemeinen für den Adoptionsprozess des Cradle-to-Cradle-Prozesses gelten und welche Faktoren sich kulturell bedingt different gestalten.

Auf Basis dieser Erkenntnisse wäre die Entwicklung von Handlungsempfehlungen von Interesse, um potenzielle Steuerungsmöglichkeiten zur erfolgreichen Umsetzung des Konzepts zu nutzen, denn die Ergebnisse dieser Arbeit sprechen für zahlreiche Hindernisse, die sich ohne gezielte Eingriffe nur sehr schwer oder gar nicht überwinden lassen.

Aufgrund der Variabilität eines Adoptionsprozesses handelt es sich bei den Ergebnissen dieser Studie jedoch nur um den Status quo des Prozesses. Die Einflussfaktoren sowie deren Relevanz können sich im Laufe des Prozesses stark verändern. Zur umfassenden Analyse und Einschätzung des Adoptionsprozesses sowie der Entwicklung adäquater Steuerungsmechanismen wäre es demnach förderlich, eine Längsschnittstudie durchzuführen.

5.7   Schlussfolgerungen

Ziel der vorliegenden Studie war es, die Einflussfaktoren des Cradle-to-Cradle-Adoptionsprozesses in Deutschland herauszuarbeiten, um einen ersten Einblick in dessen Entwicklungsdynamik geben zu können. Zu diesem Zweck wurden relevante Einflussfaktoren des Adoptionsprozesses mittels zehn qualitativer Experteninterviews identifiziert. Zum einen konnten die von ROGERS (2003, 11-35) aufgestellten Faktoren *relativer Vorteil, Komplexität, Erprobbarkeit, Wahrnehmbarkeit, Kompatibilität, sozioökonomische Charakteristika, Kommunikation, kulturelle Praxis, Werte und Normen, Meinungsführer und Change Agents* sowie *Problem- und Bedürfniswahrnehmung* als Einflussfaktoren für den Cradle-to-Cradle-Adoptionsprozess bestätigt werden. Zum anderen wurden die von WEBER (2010, 71-81) und FICHTER und CLAUSEN (2013, 102-110) hinzugefügten Faktoren *makroökonomisches Umfeld, politisch-rechtliches Umfeld* sowie unternehmensbezogene *Notwendigkeit der Verhaltensänderung, Unsicherheiten, Preis, Kosten* und *Wirtschaftlichkeit* als Einflussfaktoren identifiziert.

Zudem sprechen die Ergebnisse für einen möglichen Einfluss bestehender *„interner Strukturen der Change Agency"* auf den Adoptionsprozess, welcher sich keinem der 23 aufgestellten Faktoren eindeutig zuordnen ließ. Der Faktor *Meinungsführer und Change Agents* betrachtet lediglich die Interaktion der Change Agents mit den Mitgliedern des Systems, misst der Organisation selbst dagegen keine Bedeutung bei. Aufgrund des festgestellten Einflusses der Change Agency im Cradle-to-Cradle-Adoptionsprozess wurde dieser Faktor dementsprechend erweitert und in *Meinungsführer, Change Agents* und *Change Agency* umbenannt. Zwei aus den geführten Interviews hervorgegangene Aspekte ließen sich keinem der bestehenden Faktoren unterordnen und wurden unter *Sonstiges* als weiterer Faktor hinzugefügt. Insgesamt konnten somit 17 Einflussfaktoren ausgemacht werden. Korrelationen zum technologischen Umfeld, zu den Nutzerinnovatoren sowie den konsumentenbezogenen Faktoren *Persönlichkeitsmerkmale, Kommunikationsverhalten, Notwendigkeit zur Verhaltensänderung, Unsicherheiten, Preis, Kosten und Wirtschaftlichkeit* konnten nicht festgestellt werden.

Gründe hierfür könnten sowohl in deren Irrelevanz als auch in der Reichweite des verwendeten Forschungsdesigns liegen.

Vor dem Hintergrund eines beklagten Umsetzungsdefizits von Nachhaltigkeitsinnovationen sind ferner Erkenntnisse für die mangelnde oder schleppende Durchsetzung einer radikalen Nachhaltigkeitsinnovation von Interesse. Eine Betrachtung der Ausprägung einzelner Einflussfaktoren des Cradle-to-Cradle-Adoptionsprozesses anhand der von ROGERS (2003) und FICHTER und CLAUSEN (2013) zugeschriebenen Wirkungsgrade ließ durchweg dessen unterdurchschnittliches Förderpotenzial auf die Diffusionsdynamik erkennen. Hohe Übereinstimmungen mit den charakteristischen Ausprägungen der Einflussfaktoren in den von FICHTER und CLAUSEN (2013, 226-249) aufgestellten Clustern „Komplexe Produkte oder Lösungen mit unklarem oder langfristigem Nutzen" (ebd., 226) und „Grundlageninnovationen mit hohem Verhaltensänderungsbedarf" (ebd., 228) weisen auf typischerweise sehr langsame Diffusionsdynamiken von 25-30 Jahren sowie ernst zu nehmende Hemmnisse hin. Einerseits lässt sich hinsichtlich dieser Übereinstimmungen mit den identifizierten Einflussfaktoren und ihrer Ausprägungen des Cradle-to-Cradle-Ansatzes eine überdurchschnittlich langsame Diffusionsgeschwindigkeit eines solchen Innovationstypus erwarten, die weit über 30 Jahre hinausgehen könnte. Andererseits verdeutlicht die unterdurchschnittliche Ausprägung aller innerhalb dieser Studie herausgearbeiteten Einflussfaktoren die damit einhergehende Gefahr des Scheiterns der Innovation und die Notwendigkeit einer politischen Starthilfe sowie einer Optimierung der Kommunikationsstrukturen.

Insbesondere kulturelle Rahmenbedingungen bieten ein erhebliches Erklärungspotenzial für die Ausprägung der Diffusionsdynamik des Cradle-to-Cradle-Adoptionsprozesses sowie der wahrgenommenen Skepsis gegenüber dem Konzept. Zum einen unterliegt das Konzept als radikale Innovation einer kulturell bedingten Zurückhaltung gegenüber risikoträchtigen Veränderungen sowie einem generell in Deutschland beklagten Umsetzungsdefizit von neuen Erfindungen. Zum anderen sprechen die Ergebnisse für eine hohe Inkompatibilität des Konzepts mit dem bestehenden sozialen System. Die damit einhergehende umfassende Notwendigkeit einer Verhaltensänderung bei gleichzeitig starken Bindungskräften von bestehenden kulturellen Praktiken und Lösungsansätzen kann, wie von Fichter und Clausen herausgestellt (Fichter/Clausen 2013, 228; 246), als eine schwerwiegende Ursache der langsamen Diffusionsdynamik betrachtet werden. Insbesondere die in der deutschen Umweltbewegung stark verankerte Technik- und Effizienzorientierung und damit verbundene Werte und Praktiken üben einen großen Einfluss auf den gesamten Adoptionsprozess aus und scheinen zum jetzigen Zeitpunkt eine zentrale Innovationsbarriere darzustellen.

Die bereits im Nachhaltigkeitsdiskurs bezüglich des Umsetzungsdefizits von sozialen sowie nachhaltigen Innovationen getroffene Annahme bestehender soziokultureller Blockaden (Wehrspaun 2012, 68) kann somit im Hinblick auf den Cradle-to-Cradle-Adoptionsprozess bestätigt werden. Dies bekräftigt die im Nachhaltigkeitsdiskurs immer häufiger betonte Notwendigkeit einer gesamtgesellschaftlichen Transformation zur Erreichung der Nachhaltigkeitsziele (Emig 2013, 7; Markard et al. 2012, 956; Schneidewind 2013, 7; Voß et al. 2005, 178). Ohne die Veränderung bestehender kultureller Paradigmen werden Bemühungen um technologische, ökonomische und politische Veränderungen demnach sowohl bezüglich der Überwindung des Sustainability Gaps (Kagan 2013, 11) als auch im Rahmen des Cradle-to-Cradle-Adoptionsprozesses weitestgehend erfolglos bleiben.

The world as we have created it, is a process of our thinking. It cannot be changed without changing our thinking.

Albert Einstein

Abbildungs- und Tabellenverzeichnis

Abbildungen

Tabellen

Abkürzungsverzeichnis

BDI	Bundesverband der Deutschen Industrie e. V.
BMU	Bundesministerium für Umwelt, Naturschutz und Reaktorsicherheit
BRG	Bundesanstalt für Geowissenschaften und Rohstoffe
C2C	Cradle to Cradle
C2CPII	Cradle to Cradle Product Innovation Institute
EEA	European Environment Agency
EPEA	Environmental Protection Encouragement Agency
GLOBE	Global Leadership and Organizational Behavior Effectiveness Research Program
HUI	Hamburger Umweltinstitut
IVN	Internationaler Verband Naturtextil e. V.
MBDC	McDonough Braungart Design Chemistry
WCED	World Commission on Environment and Development

Quellenverzeichnis

ADERHOLD, J. (2005): Gesellschaftsentwicklung am Tropf technischer Neuerungen? In: J. Aderhold; R. John (Hg.): Innovation. Sozialwissenschaftliche Perspektiven (S. 13–32). Konstanz: UVK.

AHRENS, A.; BRAUN, A.; VON GLEICH, A.; EFFINGER, A.; HEITMANN, K.; LISSNER, L. (2003): Substitution gefährlicher Stoffe in der Produktlinie. In: J. Horbach; J. Huber; T. Schulz (Hg.): Nachhaltigkeit und Innovation. Rahmenbedingungen für Umweltinnovationen (S. 91–110). München: oekom verlag.

BAREGHEH, A.; ROWLEY, J.; SAMBROOK, S. (2009): Towards a multidisciplinary definition of innovation. Management Decision, 47 (8), S. 1323–1339.

BAUMGARTNER, R. J. (2009): Organizational culture and leadership: Preconditions for the development of a sustainable corporation. Sustainable Development, 17 (2), S. 102–113.

BECKENBACH, F.; HAMPICKE, U.; LEIPERT, C.; MERAN, G.; MINSCH, J.; NUTZINGER, H. G.; PFRIEM, R.; WEIMANN, J.; WIRL, F.; WITT, U. (2005): Innovationen und Nachhaltigkeit. Marburg: Metropolis Verlag.

BELLER, S. (2012): Von der Abschaffung des Mülls. Verfügbar unter http://www.greenpeace-magazin.de/index.php?id=6650 [Stand: 06.09.2014].

BESIO, C. (2013): Wie lässt sich Nachhaltigkeit durch Innovation managen? In: J. Rückert-John (Hg.): Soziale Innovation und Nachhaltigkeit. Perspektiven sozialen Wandels (S. 71–86). Wiesbaden: Springer VS.

BJØRN, A.; HAUSCHILD, M. Z. (2013): Absolute versus Relative Environmental Sustainability. Journal of Industrial Ecology, 17 (2), S. 321–332.

BLÄTTEL-MINK, B. (2013): Kollaboration im (nachhaltigen) Innovationsprozess. Kulturelle und soziale Muster der Beteiligung. In: J. Rückert-John (Hg.): Soziale Innovation und Nachhaltigkeit. Perspektiven sozialen Wandels (S. 153–169). Wiesbaden: Springer VS.

BOGNER, A.; LITTIG, B.; MENZ, W. (2014): Interviews mit Experten. Eine praxisorientierte Einführung. Wiesbaden: Springer VS.

BRAUNGART, M. (2007): Ein Rohstoff ist ein Rohstoff ist ein Rohstoff: Intelligentes Produktdesign. Politische Ökologie, 105, S. 20–23.

Braungart, M.; McDonough, W. (2011a): Einfach intelligent produzieren. Cradle to cradle: die Natur zeigt, wie wir die Dinge besser machen können. 6. Aufl., Berlin: Berliner Taschenbuch-Verlag.

Braungart, M.; McDonough, W. (2011b): Die nächste industrielle Revolution. Die Cradle to Cradle-Community. 3. Aufl., Hamburg: Europäische Verlagsanstalt.

Braungart, M.; McDonough, W. (2013): Intelligente Verschwendung. The Upcycle: Auf den Weg in eine neue Überflussgesellschaft. München: oekom verlag.

Braungart, M.; McDonough, W.; Bollinger, A. (2007): Cradle-to-cradle design: creating healthy emissions – a strategy for eco-effective product and system design. Journal of Cleaner Production, 15 (13/14), S. 1337–1348.

Brockhaus (1997): Brockhaus die Enzyklopädie in vierundzwanzig Bänden. 20. Aufl., Leipzig: wissenmedia.

BRG (Bundesanstalt für Geowissenschaften und Rohstoffe) (2015): Rohstoffentwicklung: Preismonitor Oktober 2015. Verfügbar unter http://www.bgr.bund.de/EN/Themen/Min_rohstoffe/Produkte/Preisliste/cpl_15_10.pdf?__blob=publicationFile [Stand: 03.12.2015].

Bundesministerium der Justiz und für Verbraucherschutz & juris GmbH (2013): Gesetz zur Förderung der Kreislaufwirtschaft und zur Sicherung einer umweltverträglichen Bewirtschaftung von Abfällen (Kreislaufwirtschaftsgesetz). Verfügbar unter http://www.gesetze-im-internet.de/bundesrecht/krwg/gesamt.pdf [Stand: 16.11.2015].

BMU (Bundesministerium für Umwelt, Naturschutz und Reaktorsicherheit) (2010): Umweltbericht 2010 – Umweltpolitik ist Zukunftspolitik. Verfügbar unter http://www.umweltbundesamt.de/sites/default/files/medien/371/dokumente/bmu-broschuere_umweltbericht_2010_bf.pdf [Stand: 03.09.2014].

BMU (Bundesministerium für Umwelt, Naturschutz und Reaktorsicherheit); BDI (Bundesverband der Deutschen Industrie e. V.) (2012): Memorandum für eine Green Economy. Eine gemeinsame Initiative des BDI und BMU. Berlin.

Cornell University; INSEAD & WIPO (2015): The Global Innovation Index 2015: Effective Innovation Policies for Development. Fontainebleau.

C2CPII (Cradle to Cradle Product Innovation Institute) (2014): About the institute. Verfügbar unter http://www.c2ccertified.org/index.php/about/about_innovation_institute [Stand: 20.07.2015].

Cradle to Cradle – Wiege zur Wiege e. V. (2014a): Jörg Finkbeiner. Verfügbar unter http://www.c2c-kongress.de/archive/2014/sprecher/joerg-finkbeiner/index.html [Stand: 08.01.2015].

Cradle to Cradle – Wiege zur Wiege e. V. (2014b): Katja Hansen. Verfügbar unter http://c2c-kongress.de/sprecher/katja-hansen/ [Stand: 08.01.2015].

Crainer, S. (2012): A GOOD YARN. Business Strategy Review, 23 (1), S. 44–47.

Di Giulio, A. (2004): Die Idee der Nachhaltigkeit im Verständnis der Vereinten Nationen. Anspruch, Bedeutung und Schwierigkeiten. Münster: LIT-Verlag.

Dostal, W. (2002): Innovation und Qualifikation: Skizze der Forschungslandschaft in Deutschland seit Bestehen des IAB. Mitteilungen aus der Arbeitsmarkt- und Berufsforschung, 35 (4), S. 492–505.

Downs, G. W.; Mohr, L. B. (1976): Conceptual Issues in the Study of Innovation. Administrative Science Quarterly, 21 (4), S. 700–714.

Dresing, T.; Pehl, T. (2013): Praxisbuch Transkription. Regelsysteme, Software und praktische Anleitungen für qualitative ForscherInnen. 5. Aufl., Marburg: Eigenverlag.

Duden (2007): Duden – Deutsches Universalwörterbuch. Das umfassende Bedeutungswörterbuch der deutschen Gegenwartssprache. 6. Aufl., Mannheim: Dudenverlag.

EEA (European Environment Agency) (2011): Earnings, jobs and innovation: The role of recycling in a green economy. Copenhagen: EEA.

Ellwanger, M. (2012): Cradle to Cradle. Ein Produktleben ohne Abfall. Verfügbar unter http://www.zvw.de/inhalt.cradle-to-cradle-ein-produkt leben-ohne-abfall.8e76d854-2a5d-4d39-a984-dce401dd6c6c.html [Stand: 03.09.2012].

Emig, J. (2013): Vorwort. In: J. Rückert-John (Hg.): Soziale Innovation und Nachhaltigkeit. Perspektiven sozialen Wandels (S. 7–12). Wiesbaden: Springer VS.

EPEA (ENVIRONMENTAL PROTECTION ENCOURAGEMENT AGENCY) (2009): Prinzipien. Verfügbar unter http://www.epea-hamburg.org/sites/default/files/images/prinzipzien_02.jpg [Stand: 20.09.2015].

EPEA (ENVIRONMENTAL PROTECTION ENCOURAGEMENT AGENCY) (2010): Albin Kälin gründet die EPEA Switzerland GmbH. Verfügbar unter http://www.braungart.com/de/content/%C3%BCber-michael-braungart [Stand: 17.09.2015].

EPEA (ENVIRONMENTAL PROTECTION ENCOURAGEMENT AGENCY) (2015a): Die drei Prinzipien. Verfügbar unter http://www.epea-hamburg.org/de/content/die-drei-prinzipien [Stand: 20.07.2015].

EPEA (ENVIRONMENTAL PROTECTION ENCOURAGEMENT AGENCY) (2015b): Über Michael Braungart. Verfügbar unter http://www.braungart.com/de/content/%C3%BCber-michael-braungart [Stand: 17.09.2015].

EPEA (ENVIRONMENTAL PROTECTION ENCOURAGEMENT AGENCY) (2015c): Über Cradle to Cradle. Verfügbar unter http://epea-hamburg.org/de/content/%C3%BCber-cradle-cradle%C2%AE [Stand: 17.12.2015].

FERDINAND, J.-P. (2011): Megatrends und die grüne Wirtschaftspolitik. Ökologisches Wirtschaften, 25 (4), S. 12–13.

FICHTER, K.; PFRIEM, R. (2007): Leading Innovations to Sustainable Future Markets. In: M. Lehmann-Waffenschmidt (Hg.): Innovations towards sustainability. Conditions and consequenses (S. 103–116). Heidelberg: Physica Verlag.

FICHTER, K. (2010): Nachhaltigkeit: Motor für schopferische Zerstörung? In: J. Howaldt; H. Jacobsen (Hg.): Soziale Innovation. Auf dem Weg zu einem postindustriellen Innovationsparadigma (S. 181–198). Wiesbaden: VS Verlag für Sozialwissenschaften.

FICHTER, K. (2011): Grundlagen des Innovationsmanagements. Oldenburg: Carl von Ossietzky Universität Oldenburg.

FICHTER, K.; CLAUSEN, J. (2013): Erfolg und Scheitern „grüner" Innovationen. Warum einige Nachhaltigkeitsinnovationen am Markt erfolgreich sind und andere nicht. Marburg: Metropolis Verlag.

FISCHER, J.; MANNING, A. D.; STEFFEN, W.; ROSE, D. B.; DANIELL, K.; FELTON, A.; GARNETT, S.; GILNA, B.; HEINSOHN, R.; LINDEMAYER, D. B.; MACDONALD, B.; MILLS, F.; NEWELL, B.; REID, J.; ROBIN, L.; SHERREN, K.;

WADE, A. (2007): Mind the sustainability gap. Trends in ecology & evolution, 22 (12), S. 621–624.

FISCHER, J.; DYBALL, R.; FAZEY, I.; GROSS, C.; DOVERS, S.; EHRLICH, P. R.; BRULLE, R. J.; CHRISTENSEN, C.; BORDEN, R. J. (2012): Human behavior and sustainability. Frontiers in Ecology and the Environment, 10 (3), S. 153–160.

FLYNN, F. J.; CHATMAN, J. A. (2001): Strong Cultures and Innovation: Oxymoron or Opportunity. In: C. L. Cooper; S. Cartwright; P. C. Earley (Hg.): The International Handbook of Organizational Culture and Climate (S. 263–287). New York: Wiley.

FOLKE, C. (2006): The emergence of a perspective for socio-ecological systems and analyses. Global Environmental Change, 16, S. 253–267.

GALPIN, T.; WHITTTINGTON, J. L.; BELL, G. (2015): Is your sustainability strategy sustainable? Creating a culture of sustainability. Corporate Governance, 15 (1), S. 1–17.

GARCZORZ, I. (2004): Adoption von Online-Banking-Services. Determinanten aus Sicht der Kunden. Wiesbaden: Deutscher Universitäts-Verlag.

GENG, V.; HERSTATT, C. (2014): Technology and Innovation Management. The cradle-to-cradle (C2C) paradigm in the context of innovation management and driving forces for implementation. Working Paper. Verfügbar unter http://www.tuhh.de/tim/downloads/arbeitspapiere/ Working_Paper_79.pdf [Stand: 11.09.2014].

GIORDANO-BRUNO-STIFTUNG (2015): Schmidt-Salomon, Michael. Verfügbar unter http://www.giordano-bruno-stiftung.de/schmidt-salomon-michael [Stand: 10.09.2015].

GLÄSER, J.; LAUDEL, G. (2010): Experteninterviews und qualitative Inhaltsanalyse. 4. Aufl., Wiesbaden: VS Verlag für Sozialwissenschaften.

GRIEFAHN, M.; RYDZY, E. (2013): Der Grundwiderspruch der deutschen Nachhaltigkeitsstrategie. Cradle to Cradle als möglicher Lösungsweg. Ansatzpunkte und strategische Potentiale von Kulturpolitik. Freie Universität Berlin: Dissertation am Fachbereich Politik- und Sozialwissenschaften.

HABERL, H.; FISCHER-KOWALSKI, M.; KRAUSMANN, F.; MARTINEZ-ALIER, J.; WINIWARTER, V. (2011): A socio-metabolic transition towards sustainability? Challenges for another Great Transformation. Sustainable Development, 19 (1), S. 1–14.

HAMM, M. (2012): Recycling. „Abfall ist Nahrung". Verfügbar unter http://www.zeit.de/2009/47/T-Cradle-to-Cradle [Stand: 06.09.2014].

HANSEN, E. G.; GROSSE-DUNKER, F. (2013): Sustainability-Oriented Innovation. In: S. O. Idowu; N. Capaldi; L. Zu; A. D. Gupta (Hg.): Encyclopedia of Corporate Social Responsibility (S. 2407–2417). Heidelberg: Springer.

HANSEN, K. (o. J.): Katja Hansen. Verfügbar unter https://de.linkedin.com/pub/katja-hansen/51/7a0/b5b [Stand: 08.01.2015].

VON HAUFF, M.; KLEINE, A. (2009): Nachhaltige Entwicklung. Grundlagen und Umsetzung. München: Oldenbourg Wissenschaftsverlag.

HAUSCHILDT, J.; SALOMO, S. (2011): Innovationsmanagement. 5. Aufl., München: Vahlen.

HELFFERICH, C. (2009): Die Qualität qualitativer Daten: Manual für die Durchführung qualitativer Interviews. 3. Aufl., Wiesbaden: VS Verlag für Sozialwissenschaften.

HENSEL, M.; WIRSAM, J. (2008): Diffusion von Innovationen. Das Beispiel Voice over P. Wiesbaden: GWV Fachverlage.

HESS, D. (2006): Innovation. Das Land der Ideen scheitert an der Umsetzung. Verfügbar unter http://www.handelsblatt.com/politik/deutschland/innovation-das-land-der-ideen-scheitert-an-der-umsetzung/2661954.html [Stand: 12.11.2015].

HIRSCH-KREINSEN, H. (2010): Die ‚Hightec-Obsession' der Innovationspolitik. In: J. Howaldt; H. Jacobsen (Hg.): Soziale Innovation. Auf dem Weg zu einem postindustriellen Innovationsparadigma (S. 71–84). Wiesbaden: VS Verlag für Sozialwissenschaften.

HOUSE, R. J.; HANGES, P. J.; JAVIDAN, M.; DORFMAN, P. W.; GUPTA, V. (Hg.) (2004): Culture, leadership, and organizations. The GLOBE study of 62 societies. Thousand Oaks: Sage.

HOUSE, R. J.; JAVIDAN, M. (2004): Overview of GLOBE. In: R. J. House; P. J. Hanges; M. Javidan; P. W. Dorfman; V. Gupta (Hg.): Culture, leadership, and organizations. The GLOBE study of 62 societies (S. 9–28). Thousand Oaks: Sage.

HOUSE, R. J. (2004): Illustrative Examples of GLOBE Findings. In: R. J. House; P. J. Hanges; M. Javidan; P. W. Dorfman; V. Gupta (Hg.): Culture, leadership, and organizations. The GLOBE study of 62 societies (S. 3–7). Thousand Oaks: Sage.

HOWALDT, J.; JACOBSEN, H. (2010): Soziale Innovation – Zur Einführung in den Band. In: J. Howaldt; H. Jacobsen (Hg.): Soziale Innovation. Auf dem Weg zu einem postindustriellen Innovationsparadigma (S. 9–18). Wiesbaden: VS Verlag für Sozialwissenschaften.

HOWALDT, J.; SCHWARZ, M. (2010): Soziale Innovation – Konzepte, Forschungsfelder und -perspektiven. In: J. Howaldt; H. Jacobsen (Hg.): Soziale Innovation. Auf dem Weg zu einem postindustriellen Innovationsparadigma (S. 87–108). Wiesbaden: VS Verlag für Sozialwissenschaften.

JANßEN, T. (2013): Cradle to Cradle und Innovationsmarketing. Entwicklung von Handlungsempfehlungen. Leuphana Universität Lüneburg: Unveröffentlichte Masterarbeit.

JOLY, P.-B.; RIP, A. (2012): Innovationsregime und die Potentiale kollektiven Experimentierens. In: G. Beck; C. Kropp (Hg.): Gesellschaft innovativ. Wer sind die Akteure? (S. 217–233). Wiesbaden: VS Verlag für Sozialwissenschaften.

KAGAN, S. (2012): Auf dem Weg zu einem globalen (Umwelt-)Bewusstseinswandel. Über transformative Kunst und eine geistige Kultur der Nachhaltigkeit. Berlin: Heinrich-Böll-Stiftung.

KAIRIES, B. (2013): Marketing für Elektroautos. Akzeptanz als notwendige Bedingung für die Marktdurchdringung. Hamburg: Diplomica Verlag GmbH.

KAISER, R. (2014): Qualitative Experteninterviews. Konzeptionelle Grundlagen und praktische Durchführung. Wiesbaden: Springer VS.

KARNOWSKI, V.; VON PAPE, T.; WIRTH, W. (2011): Overcoming the binary logic of adoption: On the integration of diffusion of innovations theory and the concept of appropriation. In: A. Vishwanath; G. Barnett (Hg.): The Diffusion of Innovations. A Communication Science Perspective (S. 57–76). New York: Peter Lang.

KARNOWSKI, V. (2011): Diffusionstheorien. 1. Aufl., Baden-Baden: Nomos.

Karnowski, V. (2013): Diffusionstheorie. In: W. Schweiger; A. Fahr (Hg.): Handbuch Medienwirkungsforschung (S. 513–528). Wiesbaden: Springer Fachmedien.

Kaschny, M.; Hürth, N. (2010): Innovationsaudit: Chancen erkennen – Wettbewerbsvorteile sichern. Berlin: Erich Schmidt Verlag.

Kates, R. W.; Parris, T. M.; Leiserowitz, A. A. (2005): What is sustainable development? Goals, indicators, values, and practice. Evironment: Science and Policy for Sustainable Development, 47 (3), S. 8–21.

Königstorfer, J. (2008): Akzeptanz von technologischen Innovationen. Nutzungsentscheidungen von Konsumenten dargestellt am Beispiel von mobilen Internetdiensten. Saarbrücken: GWV Fachverlage.

Konrad, W.; Nill, J. (2001): Innovation für Nachhaltigkeit. Ein interdisziplinärer Beitrag zur konzeptionellen Klärung aus wirtschafts- und sozialwissenschaftlicher Perspektive. Berlin: Schriftenreihe des IÖW, 157 (01).

Kropp, C. (2013): Nachhaltige Innovationen – eine Frage der Diffusion? In: J. Rückert-John (Hg.): Soziale Innovation und Nachhaltigkeit. Perspektiven sozialen Wandels (S. 87–102). Wiesbaden: Springer VS.

Kurt, H.; Wehrspaun, M. (2001): Kultur: Der verdrängte Schwerpunkt des Nachhaltigkeits-Leitbildes. GAIA, 10 (1), S. 16–25.

Kurth, P. (2012): Die effektive Kreislaufwirtschaft aus Sicht des BDE. In: A. I. Urban; G. Halm (Hg.): Herausforderungen an eine neue Kreislaufwirtschaft (S. 21–24). Kassel: Kassel University Press.

Lamnek, S. (2010): Qualitative Sozialforschung. 5. Aufl., Weinheim: Beltz.

Langert, M. (2007): Der Anbau nachwachsender Rohstoffe in der Landwirtschaft Sachsen-Anhalts und Thüringens – Eine innovations- und diffusionstheoretische Untersuchung. Martin-Luther-Universität Halle-Wittenberg: Dissertation.

Lasswell, H. D. (1948): The structure and formation of Communication in Society. In: L. Bryson (Hg.): The Communication of Ideas (S. 37–51). New York: Harper and Brothers.

Liftin, T. (2000): Adoptionsfaktoren – Empirische Analyse am Beispiel eines innovativen Telekommunikationsdienstes. Wiesbaden: Deutscher Universitäts-Verlag.

LUKS, F. (2005): Innovationen, Wachstum und Nachhaltigkeit. Eine ökologisch-ökonomische Betrachtung. In: F. Beckenbach; U. Hampicke; C. Leipert; G. Meran; J. Minsch; H. G. Nutzinger; R. Pfriem; J. Weimann; F. Wirl; U. Witt (Hg.): Innovationen und Nachhaltigkeit (S. 41–62). Marburg: Metropolis Verlag.

MARKARD, J.; RAVEN, R.; TRUFFER, B. (2012): Sustainability Transitions. An emerging field of research and its responses. Research Policy, 41, S. 955–967.

MAYER, H. O. (2009): Interview und schriftliche Befragung. Entwicklung, Durchführung und Auswertung. 5. Aufl., München: Oldenbourg.

MAYRING, P. (2002): Einführung in die qualitative Sozialforschung. 5. Aufl., Weinheim: Beltz.

MAYRING, P. (2010): Qualitative Inhaltsanalyse. Grundlagen und Techniken. 11. Aufl., Weinheim: Beltz Verlag.

MBDC (MCDONOUGH BRAUNGART DESIGN CHEMISTRY) (2013): Cradle to Cradle Certified Product Standard. Verfügbar unter http://www.c2c certified.org/resources/detail/cradle_to_cradle_certified_product_ standard [Stand: 20.07.2015].

MBDC (MCDONOUGH BRAUNGART DESIGN CHEMISTRY) (2015): C2C Timeline. Verfügbar unter http://www.mbdc.com/cradle-to-cradle/cradle-to-cradle-timeline/ [Stand: 20.07.2015].

MCDONOUGH, W.; BRAUNGART, M. (1992): Hannover Principles. Design for Sustainability. William Mc Donough Architects.

MCDONOUGH, W.; BRAUNGART, M. (2002a): Cradle to Cradle: Remaking the Way We Make Things. New York: North Point Press.

MCDONOUGH, W.; BRAUNGART, M. (2002b): Design for the Triple Top Line: New Tools for Sustainable Commerce. Corporate Environmental Strategy, 9 (3), S. 251–258.

MCDONOUGH, W.; BRAUNGART, M.; ANASTAS, P. T.; ZIMMERMAN, J. B. (2003): Peer Reviewed: Applying the Principles of Green Engineering to Cradle-to-Cradle Design. Environmental Science & Technogy, 37 (23), S. 434–441.

MEADOWS, D. L.; MEADOWS D. H.; ZAHN, E.; MILLING, P. (1972): Die Grenzen des Wachstums. Bericht des Club of Rome zur Lage der Menschheit. Stuttgart: Deutsche Verlags-Anstalt.

MEADOWS, D. H. (1999): Leverage Points. Places to Intervene in a System. Hartland VT: Sustainability Institute.

MEUSER, M.; NAGEL U. (1991): Experteninterviews – vielfach erprobt, wenig bedacht. Ein Beitrag zur qualitativen Methodendiskussion. In: D. Garz; K. Kraimer (Hg.): Qualitativ-empirische Sozialforschung (S. 441–468). Opladen: VS Verlag für Sozialwissenschaften.

MEY, G.; MUCK, K. (2014): Qualitative Forschung. Analysen und Diskussionen – 10 Jahrer Berliner Methodentreffen. Wiesbaden: Springer VS.

MICHELSEN, G.; ADOMßENT, M. (2014): Nachhaltige Entwicklung: Hintergründe und Zusammenhänge. In: H. Heinrichs; G. Michelsen (Hg.): Nachhaltigkeitswissenschaften (S. 3–59). Berlin: Springer Spektrum.

MILLER, T. R.; WIEK, A.; SAREWITZ, D.; ROBINSON, J.; OLSSON, L.; KRIEBEL, D.; LOORBACH, D. (2014): The future of sustainability science: a solutions-oriented research agenda. Sustainability Sciences, 9 (2), S. 239–246.

MONIKA GRIEFAHN GMBH INSTITUT FÜR MEDIEN UMWELT KULTUR (2015): Monika Griefahn, Ministerin a. D. Verfügbar unter http://www.institut-muk.de/ueber-uns/monika-griefahn.html [Stand: 08.01.2015].

MÜLLER-PROTHMANN, T.; DÖRR, N. (2011): Innovationsmanagement. Strategien, Methoden und Werkzeuge für systematische Innovationsprozesse. 2. Aufl., München: Hanser.

NEWIG, J. (2013): Produktive Funktionen von Kollaps und Zerstörung für gesellschaftliche Transformationsprozesse in Richtung Nachhaltigkeit. In: J. Rückert-John (Hg.): Soziale Innovation und Nachhaltigkeit. Perspektiven sozialen Wandels (S. 133–149). Wiesbaden: Springer VS.

O. A. (1995): Ende offen. Der Spiegel 11, S. 27–28. Verfügbar unter http://magazin.spiegel.de/EpubDelivery/spiegel/pdf/9157573 [Stand: 18.12.2015].

O. A. (2014a): Vorwort. In: M. Mai (Hg.): Handbuch Innovationen. Interdisziplinäre Grundlagen und Anwendungsfelder (S. 9–10). Wiesbaden: Springer VS.

O. A. (2014b): Einleitung. In: M. Mai (Hg.): Handbuch Innovationen. Interdisziplinäre Grundlagen und Anwendungsfelder (S. 11–33). Wiesbaden: Springer VS.

ORNETZEDER, M.; BUCHEGGER, B. (1998): Soziale Innovationen für eine nachhaltige Entwicklung. Wien: Studie im Auftrag des Wissenschaftsministeriums.

OTTO, S. (2007): Bedeutung und Verwendung der Begriffe Nachhaltigkeit und nachhaltige Entwicklung. Eine empirische Studie. Jacobs University Bremen: Dissertation.

PAECH, N. (2012): Nachhaltiges Wirtschaften jenseits von Innovationsorientierung und Wachstum. Eine unternehmensbezogene Transformationstheorie. 2. Aufl., Marburg: Metropolis Verlag.

PA CONSULTING GROUP (2015): Innovation as unusal. Innovation is a culture and it starts at the top. Innovation Report 2015. Verfügbar unter http://www.paconsulting.com/our-thinking/innovation-research/ [Stand: 12.11.2015].

PARTNERUNDPARTNER ARCHITEKTEN (2015): Cradle to Cradle. Verfügbar unter http://partnerundpartnerarchitekten.tumblr.com/ cradletocradle [Stand: 17.09.2015].

PARUSEL, D. (o. J.): Dagmar Parusel. Verfügbar unter https://de.linkedin. com/pub/dagmar-parusel/47/158/913 [Stand 17.09.2015].

PATTANAIK, D. (2013): Business Sutra. A very Indian Aproach to Management. New Delhi: Aleph.

PEPELS, W. (2013): Produktmanagement. Produktinnovation – Markenpolitik – Programmplanung – Prozessorganisation. 6. Aufl., München: Oldenbourg.

POPRAWA, P. (2012): „Cradle to Cradle“. Deutschland verschläft Cradle to Cradle Revolution. Verfügbar unter http://www.n-tv.de/wissen/Deutsch land-verschlaeft-Revolution-article6601671.html [Stand: 06.09.2014].

RAMMERT, W. (2008): Technik und Innovation. In: A. Maurer (Hg.): Handbuch der Wirtschaftssoziologie (S. 291–319). Wiesbaden: VS Verlag für Sozialwissenschaften.

RAMMERT, W. (2010): Die Innovationen der Gesellschaft. In: J. Howaldt; H. Jacobsen (Hg.): Soziale Innovation. Auf dem Weg zu einem postindus triellen Innovationsparadigma (S. 21–51). Wiesbaden: VS Verlag für Sozialwissenschaften.

REAY, S. D.; McCOOL, J. P.; WITHELL, A. (2011): Exploring the Feasibility of Cradle to Cradle (Product) Design: Perspectives from New Zealand. Journal of Sustainable Development, 4 (1), S. 36–44.

REIJNDERS, L. (2008): Are emissions or wastes consisting of biological nutrients good or healthy? Journal of Cleaner Production, 16 (10), S. 1138–1141.

RENNINGS, K. (2005): Innovationen aus Sicht der neoklassischen Umweltökonomik. In: F. Beckenbach; U. Hampicke; C. Leipert; G. Meran; J. Minsch; H. G. Nutzinger; R. Pfriem; J. Weimann; F. Wirl; U. Witt (Hg.): Innovationen und Nachhaltigkeit (S. 15–39). Marburg: Metropolis Verlag.

ROGERS, E. M. (1962): Diffusion of Innovations. New York: Free Press.

ROGERS, E. M. (2003): Diffusion of Innovations. 5. Aufl., New York: Free Press.

ROGERS, E. M.; SHOEMAKER, F. (1971): Communication of innovations. New York: Free Press.

ROGOFF, M. (2013): Sustainable materials management: a new international solid waste paradigm. Waste management & research: the journal of the International Solid Wastes and Public Cleansing Association, ISWA, 31 (12), S. 1187–1189.

ROSSBERGER, R. J.; KRAUSE, D. E. (2015): National culture and national innovation: An analysis in 55 countries. In: C. Speelman (Hg.): Enhancing human performance (S. 207–233). Cambridge: Scholars Publishing.

RÜCKERT-JOHN, J. (2013): Einleitung. In: J. Rückert-John (Hg.): Soziale Innovation und Nachhaltigkeit. Perspektiven sozialen Wandels (S. 13–15). Wiesbaden: Springer VS.

RYDZY, E.; GRIEFAHN, M. (2014): Natürlich wachsen. Erkundungen über Mensch, Natur und Wachstum aus kulturpolitischem Anlass. Wiesbaden: Springer VS.

SABIN, P. (2013): The Bet: Paul Ehrlich, Julian Simon, and Our Gamble over Earth's Future. New Haven/London: Yale University Press.

SAGEBIEL, F. (2013): Organisationskultur und Macht – Veränderungspotenziale und Gender. Berlin: LIT-Verlag.

SCHEELHAASE, T.; SEMISCH, C. (2008): Zukunft verbrennen? von der Abfallverbrennung hin zur Wertschöpfung nach Cradle to Cradle. Auswirkungen von „Ersatzbrennstoff-Verbrennungsanlagen" auf die Entwicklung biologischer und technischer Nährstoffkreisläufe. Hamburg: EPEA Internationale Umweltforschung GmbH.

SCHERHORN, G. (2008): Über Effizienz hinaus. In: S. Hartard; A. Schaffer; J. Giegrich (Hg.): Ressourceneffizienz im Kontext der Nachhaltigkeitsdebatte (S. 21–30). Baden-Baden: Nomos Verlag.

SCHMIDT-SALOMON, M. (2012): Keine Macht den Doofen. Eine Streitschrift. München: Piper-Verlag.

SCHMIDT-SALOMON, M. (2014): Hoffnung Mensch. Eine bessere Welt ist möglich. München: Piper-Verlag.

SCHNEIDEWIND, U. (2013): Eine grüne Transformation zur Entkopplung von Wohlstand und Umweltverbrauch. In: K. Fichter; J. Clausen: Erfolg und Scheitern „grüner" Innovationen. Warum einige Nachhaltigkeitsinnovationen am Markt erfolgreich sind und andere nicht (S. 7–8). Marburg: Metropolis Verlag.

SCHUMPETER, J. A. (1912): Theorie der wirtschaftlichen Entwicklung. Leipzig: Dunker & Humblot.

SCHUMPETER, J. A. (1939a): Business Cycles. Vol. 1. New York: McGraw-Hill.

SCHUMPETER, J. A. (1939b): Business Cycles. Vol. 2. New York: McGraw-Hill.

SCHUMPETER, J. A. (1942): Capitalism, Socialism and Democracy. New York: Harper & Brothers.

SCHUMPETER, J. A. (1980): Kapitalismus, Sozialismus und Demokratie. 5. Aufl., Erstveröffentlichung 1942, München: Francke Verlag.

SCHUMPETER, J. A. (2006): Theorie der wirtschaftlichen Entwicklung. Nachdruck der 1. Auflage von 1912, Berlin: Dunker & Humblot.

SCHWARZ, M.; BIRKE, M.; BEERHEIDE, E. (2010): Die Bedeutung sozialer Innovationen für eine nachhaltige Entwicklung. In: J. Howaldt; H. Jacobsen (Hg.): Soziale Innovation. Auf dem Weg zu einem postindustriellen Innovationsparadigma (S. 165–180). Wiesbaden: VS Verlag für Sozialwissenschaften.

SCHWARZ, M.; HOWALDT, J. (2013): Soziale Innovation im Fokus nachhaltiger Entwicklung. Herausforderungen und Chance für die soziologische

Praxis. In: J. Rückert-John (Hg.): Soziale Innovation und Nachhaltigkeit. Perspektiven sozialen Wandels (S. 53–70). Wiesbaden: Springer VS.

Shane, S. (1995): Uncertainty Avoidance and the Preference for Innovation Championing Roles. Journal of International Business Studies, 26 (1), S. 47–68.

Singhal, A. (2011): Turning Diffusion of Innovations Paradigm on its Head. In: A. Vishwanath; G. A. Barnett (Hg.): The Diffusion of Innovations: A communication Science Perspective (S. 193–205). New York: Peter Lang.

Sorge, P. (2012): Die Wahrheit ausgeblendet. Verfügbar unter http://www.cicero.de/berliner-republik/die-wahrheit-ausgeblendet/48040/seite/3 [Stand: 18.12.2015].

Sternberg, R.; Vorderwülbecke, A.; Brixy, U. (2013): Global Entrepreneurship Monitor (GEM). Unternehmensgründungen im weltweiten Vergleich. Länderbericht 2013. Hannover: Institut für Wirtschafts- und Kulturgeographie Leibniz Universität Hannover/Institut für Arbeitsmarkt und Berufsforschung (Hg.).

Sternberg, R.; Vorderwülbecke, A.; Brixy, U. (2014): Global Entrepreneurship Monitor (GEM). Unternehmensgründungen im weltweiten Vergleich. Länderbericht 2014. Hannover: Institut für Wirtschafts- und Kulturgeographie Leibniz Universität Hannover/Institut für Arbeitsmarkt und Berufsforschung (Hg.).

Stiess, I. (2013): Synergien von Umwelt- und Sozialpolitik – Soziale Innovationen an der Schnittstelle von Umweltschutz, Lebensqualität und sozialer Teilhabe. In: J. Rückert-John (Hg.): Soziale Innovation und Nachhaltigkeit. Perspektiven sozialen Wandels (S. 33–49). Wiesbaden: Springer VS.

Sully de Luque, M.; Javidan, M. (2004): Uncertainty Avoidance. In: R. J. House; P. J. Hanges; M. Javidan; P. W. Dorfman; V. Gupta (Hg.): Culture, leadership, and organizations. The GLOBE study of 62 societies (S. 9–28). Thousand Oaks: Sage.

Sung, K. (2015): A review on upcycling: current body of literature, knowledge gaps and a way forward. In: The ICECESS 2015: 17th International Conference on Environmental, Cultural, Economic and Social Sustainability, Venice, Italy, 13–14 April 2015 (S. 28–40). Venice: World Academy of Science, Engineering and Technology (WASET).

TREMMEL, J. (2003): Nachhaltigkeit als politische und analytische Kategorie. Der deutsche Diskurs um nachhaltige Entwicklung im Spiegel der Interessen der Akteure. München: oekom verlag.

UNFRIED, P. (2009): Ökologisch industrielle Revolution. Der Umweltretter Michael Braungart. Verfügbar unter http://www.taz.de/!31442/ [Stand: 08.09.2014].

VAHS, D.; BREM, A. (2013): Innovationsmanagement. Von der Idee zur erfolgreichen Vermarktung. 4. Aufl., Stuttgart: Schäffer-Poeschel.

VAHS, D.; BURMESTER, R. (2005): Innovationsmanagement. Von der Produktidee zur erfolgreichen Vermarktung. 3. Aufl., Stuttgart: Schäffer-Poeschel.

VAN DEN DUNGEN, S. (2012): A piece of paper. Featured Article. Verfügbar unter http://wisle.org/blog/piece-paper [Stand: 15.07.2015].

VAN DER MEULEN, K. (2011): Success factors of Cradle to Cradle implementation in The Netherlands. University of Twente, Enschede. Verfügbar unter http://essay.utwente.nl/63174/1/Success_factors_of_Cradle_to_Cradle_implementation_in_The_Netherlands.pdf [Stand: 08.09.2014].

VON CARLOWITZ, H. C. (1713): Sylvicultura oeconomica oder haußwirthliche Nachricht und naturmäßige Anweisung zur wilden Baum-Zucht. Leipzig (Reprint Freiberg 2000).

VON PAPE, T. (2009): Aneignung neuer Kommunikationstechnologien in sozialen Netzwerken: Am Beispiel des Mobiltelefons unter Jugendlichen. Wiesbaden: VS Verlag für Sozialwissenschaften.

VON STAMM, B. (2010): Innovation. The path of embracing change to create value; insights from the frontier of understanding innovation; 4th Innovation Best Practice & Future Challenges Report. Norfolk: Innovation Leadership Forum.

VOß, J.-P.; TRUFFER, B.; KONRAD, K. (2005): Sustainability Foresight für Versorgungssysteme. Ein ko-evolutorischer Ansatz zur Analyse, Bewertung und Gestaltung nachhaltiger Entwicklung. In: F. Beckenbach; U. Hampicke; C. Leipert; G. Meran; J. Minsch; H. G. Nutzinger; R. Pfriem; J. Weimann; F. Wirl; U. Witt (Hg.): Innovationen und Nachhaltigkeit (S. 175–200). Marburg: Metropolis Verlag.

Weber, F. (2010): Wirkung und Bedeutung von Adoptionsfaktoren bei Telekommunikationsinnovationen. Technische Universität Berlin: Dissertation.

Wehrspaun, M. (2012): Nachhaltigkeit als kulturelle Erneuerung. In: R. John; J. Aderhold; I. Bormann (Hg.): Indikatoren des Neuen. Innovation als Sozialmethodologie oder Sozialtechnologie (S. 57–75). Wiesbaden: VS Verlag für Sozialwissenschaften.

Wehrspaun, M.; Schack, K. (2013): Umweltpolitik als Gesellschaftspolitik. In: J. Rückert-John (Hg.): Soziale Innovation und Nachhaltigkeit. Perspektiven sozialen Wandels (S. 19–31). Wiesbaden: Springer VS.

Weiber, R. (1992): Diffusion von Telekommunikation: Problem der Kritischen Masse. Wiesbaden: Gabler.

Weijermars, R. (2011): Can we close Earths sustainability gap? Renewable and Sustainable Energy Reviews, 15 (9), S. 4667–4672.

Windhorst, H.-W. (1983): Geographische Innovations- und Diffusionsforschung. Darmstadt: Wissenschaftliche Buchgesellschaft.

Witt, U. (2005): Innovationsförderung als Königsweg zur Nachhaltigkeit. Ein Kommentar. In: F. Beckenbach; U. Hampicke; C. Leipert; G. Meran; J. Minsch; H. G. Nutzinger; R. Pfriem; J. Weimann; F. Wirl; U. Witt (Hg.): Innovationen und Nachhaltigkeit (S. 87–94). Marburg: Metropolis Verlag.

WCED (World Commission on Environment and Development) (1987): Our Common Future. Verfügbar unter http://www.omnia-verlag. de/upload_files/brundtland_bericht.-pdf [Stand: 10.06.2015].

Young, W.; Tilley, F. (2006): Can businesses move beyond efficiency? The shift toward effectiveness and equity in the corporate sustainability debate. Business Strategy and the Environment, 15 (6), S. 402–415.

Anhang

Interviewleitfaden

Einleitungsfrage

1. Welche Erfahrungen haben Sie bezüglich Annahme oder Ablehnung des Cradle-to-Cradle-Konzepts in Deutschland gemacht?

Hauptteil

2. Wird das Cradle-to-Cradle-Konzept in Deutschland als Lösung für bestehende Probleme und Bedürfnisse gesehen?

2.1 Welche Konsequenzen werden der Cradle-to-Cradle-Implementierung in der Öffentlichkeit bisher zugeschrieben?

2.2 Welche Unsicherheiten bezüglich einer Cradle-to-Cradle-Implementierung bestehen?

2.3 Welche Eigenschaften des Cradle-to-Cradle-Konzepts werden überwiegend positiv angenommen?

2.4 Welche Eigenschaften des Cradle-to-Cradle-Konzepts könnten die zurückhaltenden Reaktionen in Deutschland erklären?

3. Wie schätzen Sie den Beitrag ein, den die derzeit bestehenden Kommunikationsstrukturen zur Beschleunigung der Adoption des Cradle-to-Cradle-Konzepts leisten?

4. Inwieweit spielen wirtschaftliche Strukturen eine Rolle im Cradle-to-Cradle-Adoptionsprozess in Deutschland?

4.1 Inwieweit wirken derzeitige gesellschaftliche Strukturen auf den Cradle-to-Cradle-Adoptionsprozess?

4.2 Inwieweit beeinflusst die politisch-rechtliche Landschaft in Deutschland Ihrer Meinung nach die Adoption des Cradle-to-Cradle-Konzepts?

4.3 Inwieweit wirken bestehende Normen und Werte in Deutschland auf den Cradle-to-Cradle-Adoptionsprozess?

5. Warum unterscheidet sich die Entwicklung des Cradle-to-Cradle-Konzepts in Deutschland von vielen anderen Ländern?

5.1 Was müsste sich Ihrer Meinung nach in Deutschland ändern, um den Adoptionsprozess des Cradle-to-Cradle-Konzepts voranzutreiben?

Ausleitungsfrage

6. Haben Sie noch weitere Anregungen, die für die Thematik hilfreich sein könnten?

Zum Weiterlesen empfohlen:

Welche Wechselwirkungen bestehen zwischen einer Innovation und ihrem räumlichen und gesellschaftlichen Kontext? Inwieweit können soziale Innovationen gesellschaftliches Handeln verändern?

Robert Oschatz untersucht diese Fragen an einem ganz konkreten Beispiel einer sozialen Innovation in der Region Freiburg im Breisgau. Er nimmt dabei eine außergewöhnliche, kulturwissenschaftliche und interdisziplinäre Forschungsperspektive ein, indem er drei Forschungsfelder – Social-Entrepreneurship-Forschung (Wirtschaftswissenschaften), Handlungstheorie (Sozialwissenschaften) und Kulturgeographie (Raumwissenschaften) – miteinander verknüpft.